Lehrbuch der technischen Physik.

(Mechanik, Wärmelehre, Optik.)

II. Teil: Wärmelehre.

Für den Gebrauch an technischen Mittelschulen und zum Selbststudium.

Von

Dipl.-Ing. **Paul Müller,**

Oberlehrer an der Kgl. höheren Maschinenbauschule Aachen.

Mit 67 Figuren.

BERLIN W

VERLAG VON M. KRAYN

1912.

Vorwort.

Dem im ersten Teil gegebenen Vorwort brauchen hier nur wenige Bemerkungen hinzugefügt zu werden. Es kann kein Zweifel darüber bestehen, daß der in diesen Lehrbüchern behandelte Stoff nicht in seinem ganzen Umfang im Physikunterricht der technischen Mittelschulen behandelt werden kann. So sind auch die im vorliegenden zweiten Teile enthaltenen Erörterungen aus dem Gebiete der Wärmemechanik nur aufgenommen worden, um eine engere Beziehung zwischen dem Lehrstoff der Physik und seinem theoretischen Ausbau schaffen zu helfen. Dieses Bestreben erscheint begründet durch den Hinweis auf die Tatsache, daß in den üblichen Lehrplänen die Behandlung der Wärmemechanik zeitlich in einem weiten Abstand vom Physikunterricht sich findet. Aber auch dem in der Praxis stehenden Techniker wird es willkommen sein, seine Kenntnisse über dieses Gebiet in geeignetem Zusammenhange gelegentlich wieder auffrischen zu können. Auch in dieser Beziehung hofft der Verfasser, keine ganz überflüssige Arbeit getan zu haben.

Für den vorliegenden zweiten Teil wurden dem Verfasser wieder in entgegenkommendster Weise eine Anzahl Klischees von der Firma Ernst Leybolds Nachfolger, Köln, zur Verfügung gestellt, ebenso auch von den Firmen Schäffer & Budenberg, Magdeburg-Buckau und Wilhelm Lambrecht, Göttingen. Den Firmen sei auch an dieser Stelle verbindlichster Dank ausgesprochen! Herrn Kollegen Hatzfeld ist Verfasser für die Überlassung einiger Zeichnungen zu Dank verflichtet!

Aachen, Dezember 1911.

Dipl.-Ing. **Paul Müller.**

Inhaltsverzeichnis.

II. Teil: Wärmelehre.

I. Kapitel.

Grundbegriffe; Wesen der Wärme.

§ 1. Wärme und Temperatur. Bevor wir der Frage über das Wesen der Wärme nähertreten, gilt es, über zwei Grundbegriffe der Wärmelehre, die im täglichen Sprachgebrauch oft verwechselt werden, völlige Klarheit zu gewinnen: Wärme und Temperatur. Wir machen folgenden Versuch: Vier in der äußeren Form gleiche Zylinder (Fig. 1) aus Eisen, Kupfer, Zinn und Blei von gleichem Gewicht (sie enthalten je nach dem spezifischen Gewicht größere oder kleinere Hohlräume!) werden durch Eintauchen in kochendes Wasser auf die gleiche Temperatur, nämlich 100° C, gebracht und dann gleichzeitig auf eine etwa 1^{cm} starke senkrecht stehende Wachsplatte gesetzt. Wir beobachten, daß die Zylinder das Wachs mehr oder weniger stark zum Schmelzen bringen und daß zum Schluß der Eisenzylinder am tiefsten eingedrungen ist, der Kupferzylinder um ein geringes weniger, Zinn bedeutend weniger und Blei nur um einige Millimeter. Wir wollen uns schon hier darüber klar sein, daß das Zerteilen der Wachsplatte mit Hilfe der Wärme ebenso als mechanische Arbeitsleistung aufzufassen ist, als wenn wir die Formänderung mit Hilfe eines Messers zuwege gebracht hätten. Die Größe dieser von den vier Zylindern verrichteten Arbeitsleistungen ist also sehr verschieden, obwohl Gewicht und Temperaturen bei allen gleich waren. Auch die Endtemperatur (Zimmertemperatur) ist die gleiche und wir erkennen das Naturgesetz:

Gleiche Gewichte verschiedener Stoffe nehmen bei der Erwärmung um gleiche Temperaturstufen verschiedene Wärmemengen auf, die sie bei der Abkühlung wieder abgeben.

Als Einheit der Temperatur gilt das Grad Celsius, d. i. der einhundertste Teil der Temperaturdifferenz zwischen Siedepunkt und Eispunkt des Wassers. (S. Kap. III § 4.) — Eine **Wärmeeinheit** oder **Kalorie** ist diejenige Wärmemenge, die zur Erwärmung eines ^{kg} Wasser um 1^0 C aufzuwenden ist. Es ist:

1 Kalorie, geschrieben: 1^{Cal} oder $1^{WE} = 1000$ Grammkalorien, geschrieben: 1000^{gcal}.

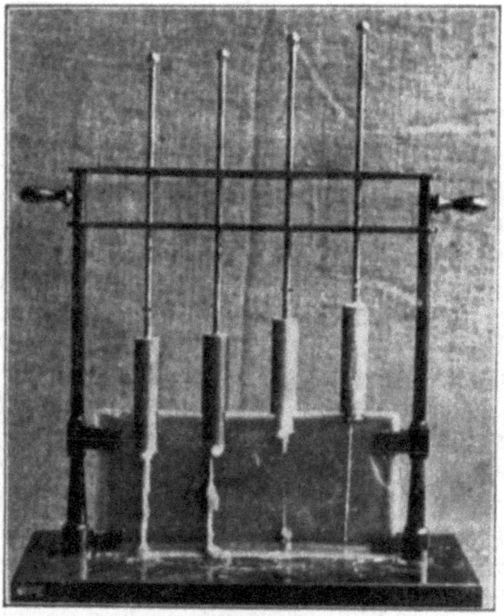

Fig. 1.

Beispiel: Um 6^{kg} ($\sim = 6^{ltr}$) Wasser von 15^0 auf 32^0, also um 17^0 zu erwärmen, müssen wir aufwenden:

$$6^{kg} \cdot 17^0 \cdot 1^{Cal/kg \cdot 0} = \mathbf{102}^{Cal}.$$

Die Beziehung zwischen Wärme und Temperatur bei andern Stoffen ist durch den Begriff der **spezifischen Wärme** gegeben, d. i. diejenige Wärmemenge, die einem ^{kg} des betrachteten Stoffes zugeführt werden muß, um seine Temperatur um 1^0 C zu erhöhen. Die spezifische Wärme des Wassers ist also: $1^{\frac{Cal}{kg \cdot 0}}$. Über den Wert der spezifischen Wärme wichtiger Stoffe und ihre rechnerische Verwertung sind im Kap. IV § 1 und Kap. V nähere Angaben gemacht.

Es sei hier noch darauf hingewiesen, daß ein Gegensatz

zwischen den Begriffen: Wärme und Kälte im physikalischen Sinne nicht besteht; Kälteerzeugung ist Wärmeentziehung!

§ 2. Die Quellen der Wärme. Während die Wissenschaft bis zum Anfang des vorigen Jahrhunderts die Wärme als einen wägbaren Stoff betrachtete und von dieser Vorstellung ausgehende Hypothesen entwickelte, beruht die heutige Auffassung vom Wesen der Wärme auf der Grundlage des Energiegesetzes. Überall wo Wärme entsteht, muß ein gleichwertiger Betrag irgendeiner andern Energieform aufgewendet werden (und umgekehrt). Die Frage nach den Quellen der Wärme führt uns also auf die Betrachtung dieser andern Energieformen und deren Quellen zurück. Die wichtigsten Vorgänge der Wärmeerzeugung sind:

1. Die Verbrennung. Die Verbindung eines brennbaren Stoffes mit dem Sauerstoff der Luft ist ein chemischer Prozeß, bei dem chemische Energie verbraucht wird. Auch die langsame Verbrennung findet unter Wärmeentwicklung statt; so entsteht z. B. durch Oxydation des im Blute enthaltenen Kohlenstoffs unsere Körperwärme.

2. Die Vernichtung von Bewegungsenergie. Wenn wir die Leistung einer Maschine mit Hilfe des Pronyschen Zaums (Mech. Fig. 106) abbremsen, so entsteht eine starke Wärmeentwicklung. Im Kapitel VI wird gezeigt, wie man diese Wärme messen und ihrem Werte nach in Beziehung zu der abgebremsten mechanischen Arbeit bringen kann. Mittels des pneumatischen Feuerzeugs (Fig. 2) kann man durch die bei

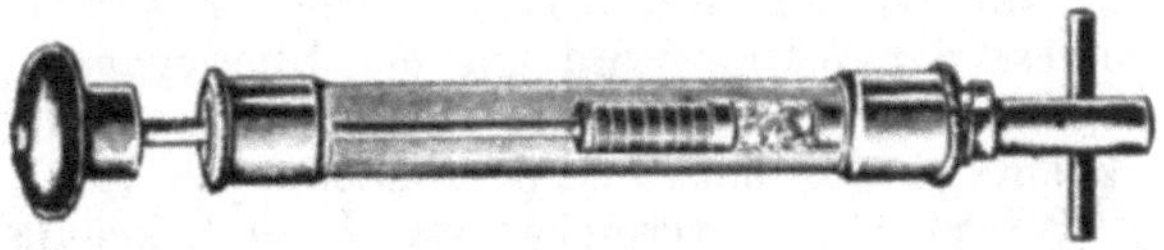

Fig. 2.

der Kompression der eingeschlossenen Luft infolge der Reibung zwischen den Luftmolekülen erzeugte Wärme die Temperatur eines im Zylinder befindlichen Stückchens Feuerschwamm so hoch treiben, daß es sich entzündet. Auch die Entstehung von Wärme in einem vom elektrischen Strome durchflossenen Leitungsdraht kann als Folge des Widerstandes aufgefaßt werden, den der Leiter dem Durchfluß der Elektronen entgegensetzt, ähnlich so, wie auch an verengten Stellen einer wasserdurchflossenen Rohrleitung Reibungswärme entsteht. (S. Mech. Kap. VII § 4.)

3. Die strahlende Energie der Sonne. Von der Sonne stammt letzten Endes alle und jede Energie, die uns auf der Erde zur Verfügung steht. Die zur Erzeugung von Verbrennungswärme benutzten Kohlen z. B. sind versteinerte Produkte einer vorzeitlichen Vegetation, die ohne Sonnenwärme nicht hätte bestehen können. Benutzen wir zur Gewinnung des wärmeerzeugenden elektrischen Stromes eine durch Wasserkraft betriebene Dynamomaschine, so war es die Sonne, die das Meerwasser verdunsten und als Regen im Gebirge wieder herabfallen ließ. Es bietet viel des Interessanten, die Spur einer jeden Energieform bis zur Sonne als Urquelle zurück zu verfolgen!

4. Die Wärme des Erdinnern. Auch dieser Energievorrat stammt, wie die Masse der Erde selbst, von der Sonne. Die äußeren Anzeichen einer sehr hohen Temperatur des Erdinnern, Vulkane, heiße Quellen, lassen sich mit der (nicht unbestrittenen) Hypothese erklären, das Innere der erkaltenden Erde sei noch weißglühend flüssig. Den Beobachtungen der Temperaturzunahme mit der Tiefe in Bergwerksschächten steht die Erfahrung gegenüber, daß auch bei wagerechtem Einbohren in Bergmassive, z. B. beim Bau langer Tunnels, die Temperatur bedeutend zunimmt. Hier spielt der Massendruck eine Rolle, der, als Äußerung einer Energieform betrachtet, auch wieder in der Massenenergie der Sonne seinen Ursprung hat.

§ 3. Das Wesen der Wärme. Die im § 2 erwähnte Stoffhypothese der Wärme wird mit der Überlegung hinfällig, daß wir ja durch Reibung beliebige Mengen dieses Stoffes erzeugen könnten, was mit unsern Vorstellungen von der Erhaltung des Stoffes unvereinbar ist. Diese Erkenntnis führt uns vielmehr auf die heute geltende Anschauung vom Wesen der Wärme. die zwar auch auf Hypotesen beruht, aber durch deren fruchtbare Konsequenzen volle Berechtigung gewinnt:

Wir denken uns die Wärme als einen Bewegungsvorgang, der sich zwischen den Molekülen der Körper bzw. des Weltäthers abspielt. (Über den Weltäther und seine Eigenschaften siehe Optik!) Wir stellen uns nach Clausius vor, daß die Moleküle in festen Körpern um stabile Gleichgewichtslagen schwingen, wobei die Art der Bewegung nicht näher zu beurteilen ist. Bei den Flüssigkeiten sind die Moleküle nicht mehr an Gleichgewichtslagen, wohl aber an den gegenseitigen Abstand gebunden. Hier stellen wir uns „wälzende“ Molekularbewegungen im Gegensatz zu den „vibrierenden“ Schwingungen in festen Körpern vor. Bei den Gasen endlich stellen wir uns ein regelloses Durcheinandereilen der Moleküle vor, bei dem sie so lange geradlinig fortschreiten, bis sie aneinanderprallen und dadurch aus ihrer Bewegungsrichtung abgelenkt werden oder von den Wänden des umschließenden Gefäßes abprallen. Diese Anschauung bildet die Grundlage der kinetischen Gastheorie, die auf rechnerischem Wege zu einer überraschenden Übereinstimmung mit den Gesetzen von Mariotte (Mech. Kap. I § 6), Dalton (Mech. Kap. VIII § 5 und W. Kap. III § 3, Kap. VII § 7), Gay-Lussac (Kap. III § 3) und anderen Gesetzen führt und damit die Berechtigung der Molekularhypothese erweist. Auf die kinetische Gastheorie selbst kann in diesem Buche nicht näher eingegangen werden.

II. Kapitel.

Wärmeleitung und Wärmestrahlung.

§ 1. Wärmeleitung. Wärmeleitung findet stets in der Richtung von Punkten höherer Temperatur — größerer Intensität der als Wärme bezeichneten Molekularschwingungen — nach solchen niederer Temperatur statt. Wir unterscheiden innere und äußere Wärmeleitung, erstere zwischen den Molekülen desselben Körpers, letztere beim Übergang der Wärme aus einem Körper in einen benachbarten anderen.

a) Innere Wärmeleitung. Stellen wir uns einen Metallstab von 1^{qcm} Querschnitt vor, der auf seiner ganzen Länge vollkommen wärmedicht[1]) (von einem schlechten Wärmeleiter umgeben) sei und mit den Stirnenden in je einem Wasserbad von den Temperaturen $t_1 =$ konst. bzw. $t_2 =$ konst. sich befinde, so wird, wenn $t_1 > t_2$ ist, ein Zustand stationärer Wärmeströmung eintreten, d. h. durch jeden Querschnitt des Stabes wird in der Sekunde die gleiche Wärmemenge hindurchströmen, während die Temperatur auf gleichen Teilstrecken um gleiche Beträge abnehmen und an den einzelnen Punkten konstant sein wird. Wählen wir die Länge des Stabes $l = t_1 - t_2{}^{cm}$ und bringen wir in Abständen von je 1^{cm} Thermometer an, so wird zwischen je zwei benachbarten Thermometern eine Temperaturdifferenz von 1^0 Celsius bestehen. Die Wärmemenge, die wir zur Erhaltung dieses Zustandes in jeder Sekunde am einen Ende zu- und am andern abführen müssen, bezeichnet die Wärmeleitungsfähigkeit λ des Stabmaterials. Nennen wir ferner: q^{qcm} den Stabquerschnitt, $l^{cm} = t_1 - t_2{}^{cm}$ die Stablänge, n^{sec} die Zeitdauer des Wärmedurchganges, W^{gcal} die zu- bzw.

---

[1]) Diese Forderung ist praktisch nicht zu erreichen, s. unter b.

abzuführende Wärmemenge, so wird mit $t_1 - t_2 = t$ und $\frac{t^0}{l^{cm}}$ = Temperaturgefälle bezogen auf die Längeneinheit:

$$\frac{W^{gcal}}{q^{qcm} \cdot n^{sec} \cdot \frac{t^0}{l^{cm}}} = \lambda^{\frac{gcal}{cm \cdot sec \cdot 0}} \quad \ldots\ldots\ldots\ldots \quad Gl.\ 1$$

Aufgabe 1. Welche Wärmemenge W^{gcal} geht in $n = 60^{sec}$ durch eine Kupferscheibe von 5^{cm} Φ und $1{,}5^{cm}$ Dicke hindurch, wenn auf den beiden Seitenflächen die Temperaturen:

$t_1 = 100^0 =$ konst. und $t_2 = 10^0 =$ konst. herrschen?

Aus Gl. 1 folgt: mit $\lambda = 0{,}93$ (siehe Tabelle)

$$W = \frac{\lambda \cdot q \cdot n \cdot t}{l} = \frac{0{,}93 \cdot 5^2 \cdot \pi \cdot 60 \cdot 90}{4 \cdot 1{,}5} = \mathbf{65\,800}^{gcal} = \mathbf{65{,}8}^{WE}$$

Um die Wärmeleitungsfähigkeit von Flüssigkeiten und Gasen zu ermitteln, muß die Zirkulation, die beim Erwärmen von unten infolge Aufsteigens des spezifisch leichteren warmen Wassers stets eintritt, vermieden werden. Eine senkrecht stehende Flüssigkeitssäule wird daher von oben erwärmt, so daß die Wärme nach unten „abfließt". Bei solcher Anordnung kann man die geringe Wärmeleitungsfähigkeit des Wassers z. B. daran erkennen, daß ein mit Blei beschwertes Eisstück auf dem Boden eines wassergefüllten Reagenzglases nur langsam schmilzt, wenn das Wasser im oberen Teil des Glases durch umgeleiteten Dampf zum Sieden gebracht wird. — Ein auf Wärmeleitungsfähigkeit zu untersuchendes Gas bringt man in ein Glasgefäß, das man ganz in heißes Wasser taucht. Ein bis in die Mitte des Gefäßes geführtes Thermometer nimmt dann je nach der Leitungsfähigkeit des Gases eher oder später die Temperatur des Wassers an. Mit dem Drucke ändert sich die Leitungsfähigkeit eines Gases nur wenig. Die nachstehende Tabelle zeigt zunächst, daß die Metalle bei weitem die besten Wärmeleiter sind. Es besteht hier eine gewisse Übereinstimmung mit der elektrischen Leitungsfähigkeit. Besonders schlechte Wärmeleiter sind z. B. Holz, Kork, Seide usw. Darauf beruht die Verwendung dieser Stoffe zum Isolieren von Dampfleitungen usw. — Wollstoffe, Filz und andere Stoffe, die viel Luft enthalten, sind ebenfalls schlechte Wärmeleiter. Auch die isolierende Wirkung der Doppelfenster beruht auf der geringen Wärmeleitungsfähigkeit der Luft.

Zahlenwerte der Wärmeleitungsfähigkeit $\lambda \frac{gcal}{cm \cdot sec \cdot 0}$

1. Metalle.

Blei	0,083
Eisen	0,12÷0,17
Gold	0,7
Kupfer	0,93
Messing	0,15÷0,30
Platin	0,17
Silber	1,00
Zink	0,26
Zinn	0,15

2. Andere feste Stoffe.

Eiche, Faserrichtung	0,0015
„ quer dazu	0,0007
Eis	0,00022
Glas	0,001÷0,002
Gummi	0,00034
Kork	0,00013
Marmor	0,00014
Papier	0,00031
Seide	0,00022

3. Flüssigkeiten.

Alkohol	0,0004÷0,0005
Benzin	0,00033
Glyzerin	0,00067
Wasser bei 4°	0,0014
„ „ 30°	0,00157

4. Gase.

Kohlensäure	0,00003
Luft	0,000056
Sauerstoff	0,000056
Wasserstoff	0,00032

b) Äußere Wärmeleitung. Jeder Körper, der wärmer ist als eine Umgebung, leitet Wärme an diese ab; umgekehrt nimmt ein kälterer Körper Wärme aus der Umgebung auf. Die Ableitung erfolgt umso stärker, je größer die Temperaturdifferenz zwischen den benachbarten Körpern ist und wird von der inneren Leitungsfähigkeit der einzelnen Stoffe beeinflußt. Flüssigkeiten leiten demnach die Wärme aus festen Körpern besser ab als Gase. Durch Zirkulation wird in beiden Fällen die Ableitung wesentlich befördert. — Metalle, die wir berühren, erscheinen heißer bzw. kälter als Holz, Kleiderstoffe usw. von gleicher Temperatur, weil zwischen diesen Stoffen und der Hand ein geringerer Wärmeübergang stattfindet als von Metallen. — Ein nicht isolierter Metallstab (Fig. 3), der an einem Ende erhitzt wird, läßt nach dem andern Ende zu einen schnelleren Temperaturabfall erkennen als ein isolierter Stab, da ein Teil der zugeführten Wärme nach außen abgeleitet wird. Da es einen voll-

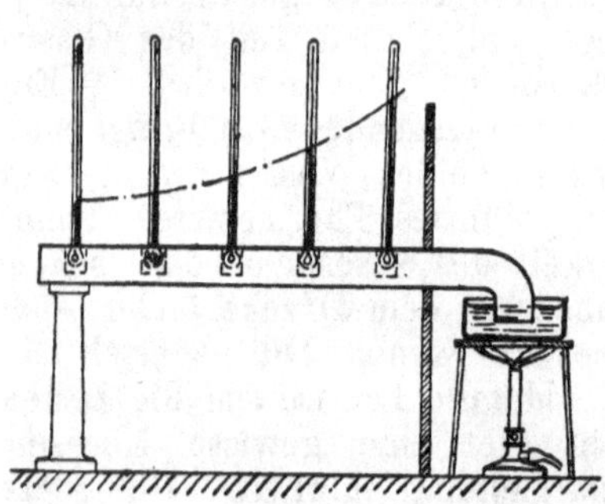

Fig. 3.

kommen wärmedichten Körper, wie er als Schutzmantel des Stabes bei dem unter a besprochenen gedachten Versuch angenommen wurde, nicht gibt, so wird die innere Wärmeleitungsfähigkeit der Stoffe praktisch mittels eines Fig. 3 ähnlichen Apparates ermittelt. Durch einen Vorversuch muß die äußere Ableitung ermittelt worden sein. Diese Versuche setzen die Messung von Wärmemengen voraus, s. Kap. V. Bei der Bewertung aller Versuche aus der Wärmelehre sind die Einflüsse der Wärmeleitung und der im folgenden Paragraphen besprochenen Wärmestrahlung wohl zu berücksichtigen!

Auf der Erscheinung der Fig. 3 beruht die Tatsache, daß man einen dicken Eisenstab in einem Bunsenbrenner vielleicht kaum zum Glühen bringen kann, während ein dünner Draht aus demselben Material in derselben Flamme weißglühend wird und verbrennt. Im ersteren Falle ist eine genügend große Oberfläche vorhanden, um nach Erreichen eines bestimmten Temperaturgefälles gegenüber der umgebenden Luft alle weiter zugeführte Wärme nach außen abzuführen. Ein feinmaschiges Drahtnetz bietet für die äußere und innere Wärmeleitung so günstige Bedingungen, daß die glühenden Flammengase eines Bunsenbrenners, in die man es hineinführt, unter die Entzündungstemperatur abgekühlt werden; die Flamme erscheint daher wie abgeschnitten. Diese Erscheinung findet eine wichtige Verwendung in der Davyschen Sicherheitslampe (Fig. 4), die die Entzündung von Grubengasen im Bergwerksbetriebe verhütet.

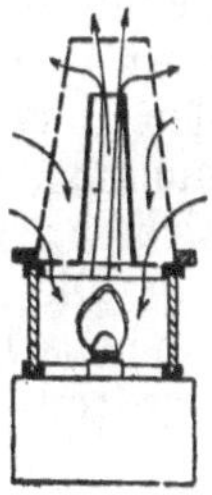
Fig. 4.

§ 2. Wärmestrahlung. Wenn wir uns vergegenwärtigen, daß die strahlende Wärme der Sonne durch den leeren Weltenraum zur Erde gelangt, so erkennen wir, daß hier nicht, wie bei der Wärmeleitung, die Schwingungen von Körpermolekülen eine Rolle spielen können. Strahlende Wärme ist also etwas anderes als das, was wir gewöhnlich unter Wärme verstehen; sie entsteht aus Wärme, erzeugt unter gewissen Umständen wieder Wärme, ist aber selbst nicht als Wärme im gewöhnlichen Sinne, sondern als Schwingungserscheinung eines unwägbaren, überaus elastischen Stoffes anzusehen, der das ganze Weltall durchsetzt und in den auch die Moleküle aller Körper eingebettet sind. Über diesen hypothetischen Stoff, den Weltäther, geben uns die Erscheinungen der Optik am verständlichsten Auskunft. In der Tat sind die Erscheinungen der strahlenden Wärme nichts anderes als Wirkungen derselben Ursache, die auch die Erscheinungen und Wirkungen des Lichts hervorbringen, etwa so, wie auch eine schwingende Stimmgabel verschiedene Wirkungen der Schwingungen hervorbringt, die sichtbare, die hörbare und die fühlbare. Die Vorgänge bei der Wärmestrahlung können daher am besten im Zusammenhang mit den Problemen des Lichts verstanden werden, und es muß auf deren Behandlung verwiesen werden. Das Wesen der Wärmestrahlung wird jedoch aus folgenden Tatsachen hervorgehen:

Ebenso wie es durchsichtige und undurchsichtige Körper gibt, sind auch für Wärmestrahlen die Stoffe in verschiedenem Maße durchlässig. Wärmedurchlässige oder diathermane Körper lassen die Wärmestrahlen ungehindert hindurchtreten, ohne dabei sich selbst zu erwärmen. Solche Stoffe sind z. B.: Luft, Steinsalz, Sylvin, Flußspat, Jod in Schwefelkohlenstoff gelöst. Letztere Substanz ist undurchsichtig, aber diatherman! Andere Stoffe absorbieren alle auftreffenden Wärmestrahlen, wobei sich ihre Temperatur erhöht. Solche wärmeundurchlässige oder athermane Stoffe sind: Wasser, Eis, Alaun, verdünnte Eisenvitriollösung. Manche Stoffe verhalten sich gegenüber den Wärmestrahlen ähnlich wie farbige Gläser gegenüber dem Licht. Glas z. B. verschluckt fast alle Strahlen, die von dunklen, nichtleuchtenden Körpern herkommen, während die sichtbaren Wärmestrahlen hindurchgelassen werden.

Die diathermane Lufthülle der Erde wird nicht von den Sonnenstrahlen, sondern durch Ableitung von der Erdoberfläche erwärmt, die ihrerseits die Wärmestrahlen absorbiert.

Ebenso wie die Lichtstrahlen werden auch Wärmestrahlen von den Körpern, auf die sie treffen, je nach der Beschaffenheit von deren Oberfläche mehr oder weniger stark reflektiert (zurückgeworfen). Glänzende, polierte und helle Flächen werfen die Wärmestrahlen zum größten Teil zurück, während rauhe und dunkle Flächen mehr Strahlen absorbieren und sich dabei erwärmen. Ein Rußüberzug absorbiert die Wärmestrahlen fast vollkommen, strahlt aber auch aus dem Innern des Körpers kommende Wärme in die kühlere Umgebung aus. Unter Umständen strahlt ein solcher Körper mehr Wärme nach außen aus, als ihm selbst aus der Umgebung zugestrahlt wird, so daß eine Abkühlung, scheinbar eine „Kältestrahlung", eintritt.

Körper, die möglichst wenig strahlende Wärme von außen absorbieren und möglichst wenig innere Wärme ausstrahlen sollen, versieht man mit einem polierten Silberüberzug, z. B. Kalorimetergefäße (Kap. V § 1) und die Dewarsche Flasche (Kap. VII § 2). — Ein Bleiweißanstrich schützt vor der Wärmewirkung der Sonnenstrahlen, da nur die dunklen Wärmestrahlen absorbiert werden, während die hellen Strahlen vollkommen reflektiert werden. — Das Radiometer (Fig. 5) wird durch die Wirkung der Wärmestrahlen in Drehung versetzt. Die Glimmerflügel des leicht drehbaren Rades sind auf der einen (bei der Drehung voranschreitenden) Seite blank, auf der andern mit Ruß geschwärzt. Der Glasbehälter ist nahezu luftleer. Die noch vorhandenen Luftteilchen werden an den schwarzen Flächen stärker erwärmt als an den blanken. Sie dehnen sich bei dieser Erwärmung aus und prallen ab, indem sie einen Rückstoß auf die Flügel ausüben. Die Summe dieser Stoßwirkungen versetzt das Rad in Umdrehung. — Beim Radiophon wird eine berußte dünne Kupferscheibe durch intermittierende Bestrahlung in tönende Schwingungen versetzt. Hierbei zeigt sich, daß die Absorption der Wärme und die damit verbundene Ausdehnung außerordentlich rasch erfolgt!

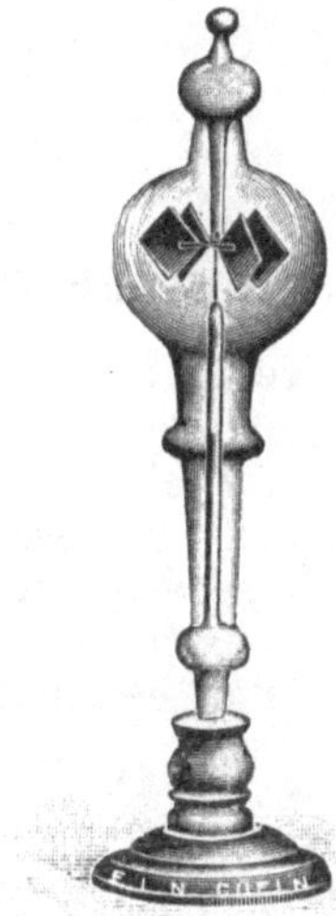

Fig. 5.

III. Kapitel.

Ausdehnung durch die Wärme. Thermometer.

Vergrößern wir durch Wärmezufuhr die molekulare Schwingungsenergie der Körper, so vergrößert sich der Abstand zwischen den Molekülen — die Körper dehnen sich aus. Innerhalb gewisser Grenzen folgen dabei die Körper den in den folgenden Paragraphen angegebenen Gesetzen. Über die Beziehungen zwischen Wärmezufuhr und Temperaturerhöhung ist in den beiden folgenden Kapiteln Näheres angegeben.

§ 1. Ausdehnung der festen Körper. Wir betrachten zunächst die lineare Ausdehnung, wie sie z. B. an langen Metallstäben auftritt. — Nennen wir den Bruchteil, um den ein Stab von der Länge 1 und der Temperatur 0° C bei der Erwärmung um 1° C sich ausdehnt, den linearen Ausdehnungskoeffizienten α, so wird, wenn wir mit l_0 die Länge bei 0°, l_1 bzw. l_2 die Längen bei $t_1{}^0$ bzw. $t_2{}^0$ bezeichnen:

$$l_1{}^m = l_0{}^m + l_0{}^m \cdot \alpha^{1/0} \cdot t_1{}^0 = l_0 \cdot (1 + \alpha \cdot t_1)$$

$$l_2 = \ldots\ldots\ldots\ldots\ldots\ldots\ldots l_0 \cdot (1 + \alpha \cdot t_2) \text{ durch Division:}$$

$$\frac{l_2}{l_1} = \frac{1 + \alpha \cdot t_2}{1 + \alpha \cdot t_1}; \quad l_2{}^m = l_1{}^m \cdot \frac{1 + \alpha \cdot t_2}{1 + \alpha \cdot t_1} \quad \ldots\ldots\ldots\ldots \quad Gl.\ 2^{a,b}$$

Durch Subtraktion ergibt sich:

$$l_2{}^m - l_1{}^m = l_0{}^m \cdot \alpha \cdot (t_2 - t_1)^o = \frac{l_1 \cdot \alpha\,(t_2 - t_1)}{1 + \alpha \cdot t_1} \quad \ldots\ldots \quad Gl.\ 3^{a,b}$$

Für kleine Werte von t_1 kann der Nenner in Gl. 3 vernachlässigt werden! Zur Bestimmung der in der Tabelle angegebenen Werte von α mißt man die Verlängerung eines in einem Öl- oder Dampfbad liegenden Stabes von bestimmter Länge für ein größeres Temperaturintervall (meist $t_2 = 100°$, t_1 = Zimmertemperatur). Die Messung erfolgt mit Hilfe eines

Fühlhebelmikrometers oder Spiegelablesung. Fig. 6 zeigt einen für Schülerübungen geeigneten Apparat[1]). Die Erwärmung der zu untersuchenden röhrenförmigen Stäbe R von 250^{mm} Einspannlänge erfolgt durch Dampf, der erst durch die Röhre und dann um diese herum geleitet wird. Als Mikrometer dient die Zeigervorrichtung von Martens-Kennedy, die mittels Hebelübersetzung und Nonius $1/200^{mm}$ abzulesen gestattet und die hier mittels eines Schraubenmikrometers vor dem eigentlichen Versuch geeicht wird.

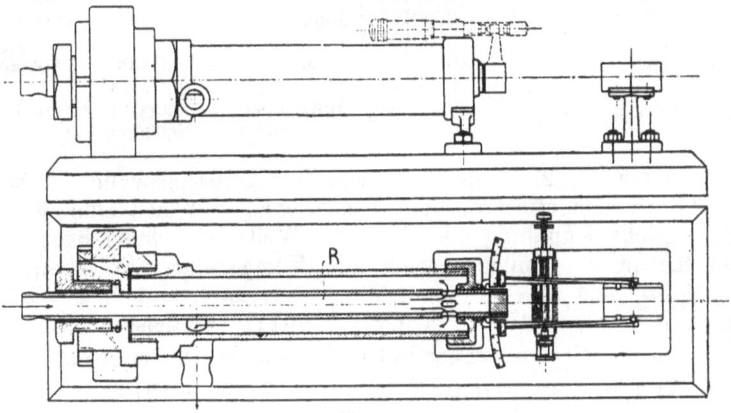

Fig. 6.

Die Werte von α sind innerhalb des Temperaturintervalls von 0^0 bis 100^0 annähernd konstant. Über 100^0 wächst α mit steigender Temperatur. In Kristallen ist die Ausdehnung wegen der heterogenen Anordnung nach den Achsenrichtungen verschieden. Manche Stoffe, wie Leder und gespanntes Gummi, ziehen sich bei der Erwärmung infolge Änderung der Elastizitätsverhältnisse zusammen. Das Schrumpfen des Holzes bei der Erhitzung wird durch Austrocknen verursacht.

Der räumliche oder kubische Ausdehnungskoeffizient der festen Körper läßt sich aus dem linearen berechnen: Ein Würfel von der Kantenlänge l dehnt sich bei der Erwärmung um t^0 aus auf das Volumen:

$$l_1^3 = l_0^3 \cdot (1 + \alpha \cdot t)^3 = l_0^3 \cdot (1 + 3 \cdot \alpha \cdot t + 3 \cdot \alpha^2 \cdot t^2 + t^3)$$

[1]) Der Apparat wurde auf Anregung des Verfassers von Herrn Oberlehrer **Hatzfeld** konstruiert und in den Werkstätten der Kgl. Höheren Maschinenbauschule Aachen angefertigt.

Die höheren Potenzen von α kann man, da sie sehr klein werden, vernachlässigen. Dann wird mit den Bezeichnungen: $l_0^3 = v$, $l_1^3 = V$:

$$V^{cbm} = v^{cbm} \cdot (1 + 3 \cdot \alpha \cdot t) \quad \ldots\ldots\ldots\ldots \quad Gl. 4$$

Ausdehnungskoeffizienten α ⁰/₀ fester Körper.

Aluminium	0,0000218	Silber	0,0000190
Blei	0,0000285	Stahl	0,0000110
Eisendraht	0,0000123	Zink	0,0000294
Flußeisen	0,0000117	Zinn	0,0000194
Gold	0,0000151		
Gußeisen	0,0000107	Glas	0,000006 ÷ 0,000009
Kupfer	0,0000172	Hartgummi	0,00008
Messing	0,0000186	Holz, quer	0,00003 ÷ 0,00006
Platin	0,0000088	„ längs	0,000003 ÷ 0,00001

Aufgabe 2. Eine 27^m lange Transmissionswelle ist bei 15^0 Celsius montiert worden. Um wieviel muß sich eine längsbewegliche Kupplung am Ende der Welle ausdehnen bzw. zusammenziehen können, wenn die Temperatur die Grenzen: 1) $+35^0$ und 2) -8^0 erreicht? — Es ist $t_1 = 15^0$, $t_2 = 35^0$ bzw. -8^0, $l_1 = 27\,000^{mm}$, $\alpha = 0{,}0000117$ (Flußeisen).

Indem wir den Nenner in Gl. 3^b vernachlässigen, ergibt sich:

1) $l_2 - l_1 = 27\,000^{mm} \cdot 0{,}0000117 \cdot (35 - 15) = \mathbf{6{,}318}^{mm}$ Verlängerung,

2) $l_2 - l_1 = 27\,000^{mm} \cdot 0{,}0000117 \cdot (15 + 8) = \mathbf{7{,}26}^{mm}$ Verkürzung.

Somit gesamter Längsspielraum erforderlich:

$$\sim 6{,}32 + 7{,}26 = \mathbf{13{,}58}^{mm}.$$

Aufgabe 3. Auf welche Temperatur muß ein stählerner Schrumpfring von $35{,}8^{cm}$ Φ und $t_1 = 15^0$ erhitzt werden, damit man ihn auf eine Nabe von 36^{cm} Φ aufziehen kann? — Aus Gl. 3^b folgt mit $\alpha = 0{,}000011$:

$$36^{cm} - 35{,}8^{cm} = \frac{35{,}8 \cdot 0{,}000011 \cdot (t^0 - 15^0)}{1 + 0{,}000011 \cdot 15}; \quad t^0 = \sim \mathbf{523^0}\ \mathbf{C.}$$

(Bei Vernachlässigung des Nenners ergibt sich hier: 524^0!)

Aufgabe 4. In Fig. 7 ist das Kompensations-Rostpendel skizziert, dessen Aufgabe es ist, die Pendellänge und damit die Schwingungsdauer von Temperaturschwankungen unabhängig zu machen. Wie groß muß die gesamte Länge der Eisenstäbe $l_e = l_1 + l_2$ gewählt werden, wenn die Länge der Zinkstäbe $l_z = 500^{mm}$ ist? — Der Längenzuwachs beider Stabarten muß sich aufheben, d. h. wir müssen gleichsetzen (indem $t_1 = 0^0$ angenommen wird): $l_e \cdot \alpha_e \cdot t = l_z \cdot \alpha_z \cdot t$; da t sich heraushebt, ergibt sich:

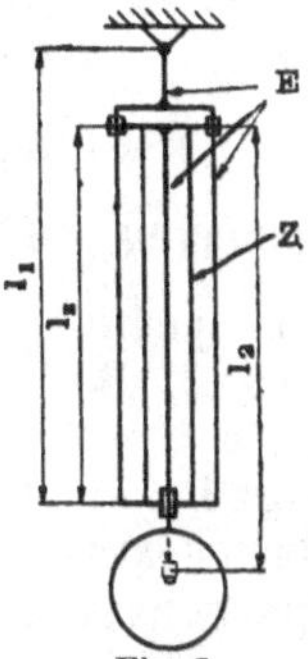

Fig. 7.

$$l_e = l_z \cdot \frac{\alpha_z}{\alpha_e} = 500 \cdot \frac{0{,}0000294}{0{,}0000123} = \mathbf{1195}^{mm}$$

Diese Länge ist zweckmäßig zu verteilen: $l_1 = \mathbf{600}^{mm}$, $l_2 = \mathbf{595}^{mm}$.

Häufig wendet man Pendelstangen aus Holz an, das wegen des geringen Ausdehnungskoeffizienten in Faserrichtung keiner Kompensation bedarf. Fig. 8 zeigt die kompensierte Unruhe einer Taschenuhr. Mit der Wärmedehnung der Speichen würde das Trägheitsmoment und damit die Schwingungsdauer wachsen, wenn nicht gleichzeitig die offenen Halbkreisringe sich nach innen biegen würden. Diese Ringe bestehen aus zwei aufeinandergeschraubten Streifen aus verschiedenen Metallen, von denen das äußere den größeren Ausdehnungskoeffizienten hat. (Über weitere Verwendung der Kompensationsstreifen s. § 4.) — Ein erkaltender Stab entwickelt beim Zusammenziehen dieselbe Kraft, die zur Hervorbringung einer der Wärmedehnung entsprechenden elastischen Dehnung aufzuwenden wäre. Aus der Definition des Dehnungskoeffizienten (Mech. Kap. VIII § 3) ergibt sich die durch P^{kg} hervorgerufene Längenänderung λ eines Stabes von der Länge l^{cm}, dem Querschnitt F^{qcm} und dem Dehnungskoeffizienten $\frac{1}{E^{kg/qcm}}$:

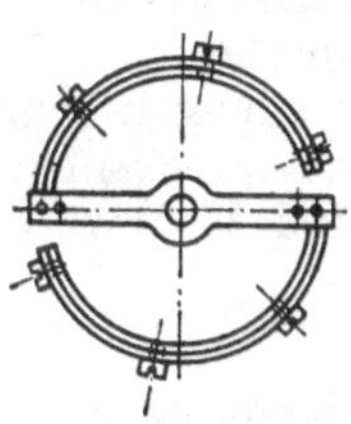

Fig. 8.

$$\lambda = \frac{P^{kg} \cdot l^{cm}}{F^{qcm} \cdot E^{kg/qcm}} = \alpha \cdot t \cdot l^{cm}; \; P^{kg} = \alpha \cdot t \cdot E \cdot F \; \ldots\ldots\ldots\ldots \; Gl. 5^{a,b}$$

Aufgabe 5. Welche Kraft P^{kg} würde in der Welle der Aufg. 2 auftreten, wenn keine Ausdehnungskupplung vorgesehen wäre und die Abkühlung von 15^0 auf -8^0 erfolgte? Der Wellendurchmesser sei $d = 8^{cm}$, also $F = 50{,}266^{qcm}$.

$E = 2150000^{kg/qcm}$, dann folgt aus Gl. 5^b mit $\alpha = 0{,}0000117$, $t = 23^0$: $P^{kg} = 0{,}0000117 \cdot 23 \cdot 2150000 \cdot 50{,}266 = \mathbf{29100}^{kg}$.

(Wie die Festigkeitslehre zeigt, tritt hierbei eine Zugspannung auf: $\sigma_z = \frac{29100^{kg}}{50{,}266^{qcm}} = \sim \mathbf{580}^{kg/qcm}$, die mit der Drehungsspannung zusammenwirkend die Welle zum Bruch bringen dürfte. Bei der Erwärmung auf 35^0 entsprechend Fall 1 der Aufg. 2 würde unter diesen Umständen ein Krummbiegen bzw. Zerknicken der Welle eintreten. Dieses Beispiel zeigt, welche Rücksichtnahme dem Konstrukteur hinsichtlich der Wärmespannungen geboten ist.)

§ 2. Ausdehnung der Flüssigkeiten. Bei den Flüssigkeiten handelt es sich um die Kenntnis des kubischen Ausdehnungskoeffizienten. Die Ausdehnung erfolgt bei den meisten Flüssigkeiten nicht in so einfacher Beziehung zur Temperatur, wie bei den festen Körpern. Eine für seine praktischen Anwendungen sehr bedeutsame Ausnahme von dieser Regel macht das Quecksilber, für dessen Wärmeausdehnung das Gesetz gilt: Sind V_t bzw. V_0 die Volumina bei t^0 bzw. 0^0 und ist $\alpha = 0{,}00018153 = \frac{1}{5509}$ der Dehnungskoeffizient des Quecksilbers, so ist:

$$V_t = V_0 \cdot (1 + \alpha \cdot t^0) \ldots\ldots\ldots\ldots \text{Gl. 6}$$

Zur Messung des Ausdehnungskoeffizienten der Flüssigkeiten kann man sich zweier Methoden bedienen: Das nächstliegende Verfahren beruht auf der Volumenbestimmung mittels des Dilatometers, eines dem Pyknometer (Mech. Kap. II § 3 Fig. 53) ähnlichen Instruments, dessen Hals hier eine kalibrierte längere Kapillare bildet. Gewicht und Gefäßvolumen V_1 des Dilatometers werden durch Auswägen mit und ohne Quecksilber bestimmt, dann die Volumenzunahme $V_2 - V_1$ des Quecksilbers für verschiedene Temperaturen durch Beobachtung des Quecksilberfadens in der Kapillare ermittelt. Wir finden auf diese Weise den scheinbaren Ausdehnungskoeffizienten, aus dem wir den wirklichen Ausdehnungskoeffizienten α berechnen können, wenn wir die gleichzeitige Ausdehnung des Dilatometergefäßes berücksichtigen. Nennen wir α_s den scheinbaren Ausdehnungskoeffizienten, α_G den kubischen Ausdehnungskoeffizienten des

Dilatometergefäßes, so ergibt eine Rechnung mit hinreichender Genauigkeit das naheliegende Resultat:

$$\alpha = \alpha_s + \alpha_G \qquad \text{Gl. 7}$$

Bei einer anderen Form des Dilatometers Fig. 9 läßt man das Quecksilber bei der Erwärmung aus der Spitze des vollständig gefüllten Gefäßes ausfließen; die Ausflußmenge ergibt unmittelbar die scheinbare Volumenzunahme $V_2 - V_1$ für die stattgehabte Temperaturzunahme $t_2 - t_1$. Wie Gl. 7 erkennen läßt, kann man umgekehrt auch α_G bestimmen, wenn α bekannt und α_s ermittelt ist, was z. B. für die Untersuchung von Glassorten für Thermometer von großer Bedeutung ist. Sind alle drei Größen bekannt, so läßt sich auch der kubische Ausdehnungskoëffizient $3 \cdot \alpha$ fester Körper direkt ermitteln, indem man die zu untersuchenden Körper in die Flüssigkeit des Dilatometers bringt. Die zu diesen Anwendungen notwendige von der Ausdehnung des Gefäßes unabhängige Ermittlung des wirklichen Ausdehnungskoeffizienten α von Quecksilber gelingt beim Verfahren von Dulong u. Petit (Fig. 10).

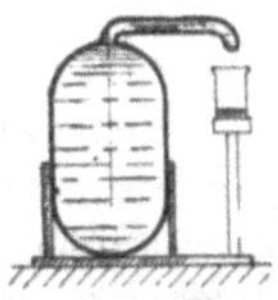

Fig. 9.

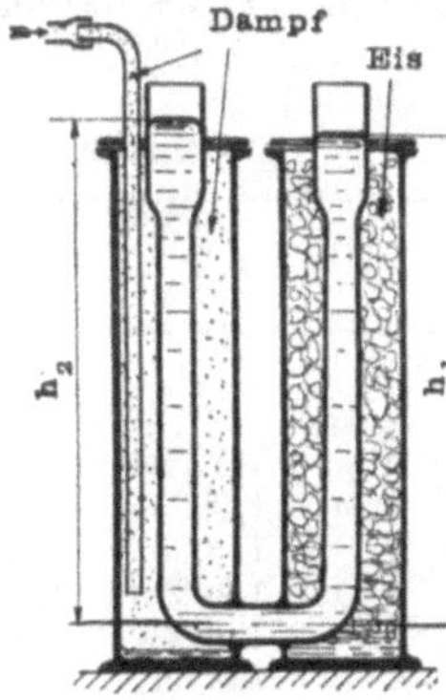

Fig. 10.

Sind die Temperaturen der Quecksilbersäulen in den beiden Schenkeln der kommunizierenden Röhren $t_1 = 0^0$ (Eis) und $t_2 = 100^0$ (Dampf), so ergeben sich verschiedene Höhen h_1 und $h_2 > h_1$, die mit Hilfe des Kathetometers (Mech. Kap. X § 1 Fig. 140) gemessen werden. Die Höhen verhalten sich nun umgekehrt wie die spezifischen Gewichte der Flüssigkeitssäulen (Mech. Kap. II § 3 Gl. 6), die spezifischen Gewichte umgekehrt wie die Volumina gleicher Gewichte (Mech. Kap. II § 1 Gl. 4). Somit erhalten wir:

$$\frac{V_2}{V_1} = \frac{\gamma_1}{\gamma_2} = \frac{h_2}{h_1} = \frac{1 + \alpha \cdot t_2}{1 + \alpha \cdot t_1}$$

woraus α sich berechnen läßt. Die letzte Gleichung dient mit $t_1 = 0$ und in der Form:

$$b_0^{mm} = \frac{b_t^{mm}}{1 + 0{,}00018153 \cdot t} \quad \ldots\ldots\ldots\ldots\ldots\ldots \quad Gl.\ 8$$

zur Reduktion des Barometerstandes auf 0° C., wenn b_t^{mm} der bei t° C. abgelesene Barometerstand ist.

Beispiel: Es sei: $b_t = 745{,}3^{mm}$, $t = 19^0$, dann ist: $b_0 = \mathbf{742{,}7}^{mm}$.

Auch die Ausdehnung der Skala ist zu berücksichtigen!

Die Ausdehnungsverhältnisse des Wassers lassen sich mit Hilfe eines Wasserthermometers unter Vergleich mit einem Quecksilberthermometer ermitteln. Neuerdings benutzte man auch hierfür die Methode der kommunizierenden Röhren. Die Tabelle zeigt die wichtige Tatsache, daß das Maximum der Dichtigkeit bei + 4° liegt. Auf dieser Tatsache beruht die Wahl der Gewichtseinheit: 1^{ltr} Wasser von + 4° wiegt 1^{kg}. (Siehe Fig. 21.) — Das bei eintretendem Frost auf den Boden der Seen herabsinkende Wasser von + 4° verhindert Grundeisbildung.

Spezifische Volumina des luftfreien Wassers[1]).

t° C	$v^{ltr/kg}$ =	t° C	$v^{ltr/kg}$ =	t° C	$v^{ltr/kg}$ =
— 10[2])	1,00186	+ 6	1,00003	+ 60	1,01705
— 8	1,00131	7	1,00007	70	1,02270
— 6	1,00088	8	1,00012	80	1,02899
— 4	1,00055	9	1,00019	90	1,03590
— 2	1,00031	10	1,00027	100	1,04343
0	1,00013	15	1,00087	150	1,0902
+ 1	1,00007	20	1,00177	200	1,1590
2	1,00003	30	1,00435	250	1,259
3	1,00001	40	1,00782	300	1,42
4	**1,00000**	50	1,01207	320	1,51
5	1,00001				

Aufgabe 6. Um wieviel dehnt sich der 2430^{ltr} betragende Wasserinhalt einer Warmwasserheizungsanlage bei der Erwärmung von 15° auf 100° aus? — Die Volumina bei 100° und bei 15° stehen nach der Tabelle in dem Verhältnis:

1,04343 : 1,00087, somit ist das Volumen bei 100°:

---

[1]) Werte der Physikalisch-technischen Reichsanstalt.

[2]) Die Temperaturen unter 0° setzen den Zustand der Überkaltung voraus (s. Kap. IV § 2).

$$2430^{ltr} \cdot \frac{1{,}04343}{1{,}00087} = \sim 2533^{ltr}; \text{ somit Volumenzunahme: } \sim \mathbf{103}^{ltr}$$

Die Zirkulation in Heizungsanlagen, Dampfkesseln usw. wird durch das Aufsteigen des spezifisch leichteren wärmeren Wassers verursacht.

§ 3. Ausdehnung der Gase. Die Beziehungen zwischen Temperatur und Volumen der Gase lassen sich nur dann richtig überschauen, wenn wir noch eine dritte Größe, den D r u c k, beachten. Wir können zunächst eine den in § 1 und 2 behandelten Vorgängen entsprechende Versuchsgrundlage schaffen, indem wir den Druck konstant halten und damit seinen Einfluß während der Versuche ausschalten. Bei dem einfachen Vorlesungsapparat von Weinhold (Fig. 11) halten wir den Druck des in A abgesperrten Gases gleich der Atmosphäre, indem wir durch Eintauchen des Glaskolbens K in C die Niveaus in A und B (Röhren von gleicher Weite und gleicher Kapillaritätswirkung) auf gleicher Höhe halten. Als Sperrflüssigkeit wird Schwefelsäure verwendet, die dem abgesperrten Gas die Feuchtigkeit entzieht und bei Temperaturen bis 100^0 keine störenden Dämpfe entwickelt. — Ist l_1^{cm} die Länge der zylindrischen Gassäule in A bei $t_1{}^0$ (Zimmertemperatur), l_2^{cm} die entsprechende Länge bei $t_2{}^0 = 100^0$ (Temperatur des den Mantel um A durchströmenden Wasserdampfes), so ist $V_2 : V_1 = l_2 : l_1$, und wir können die der Gl. 2^b entsprechende Gleichung:

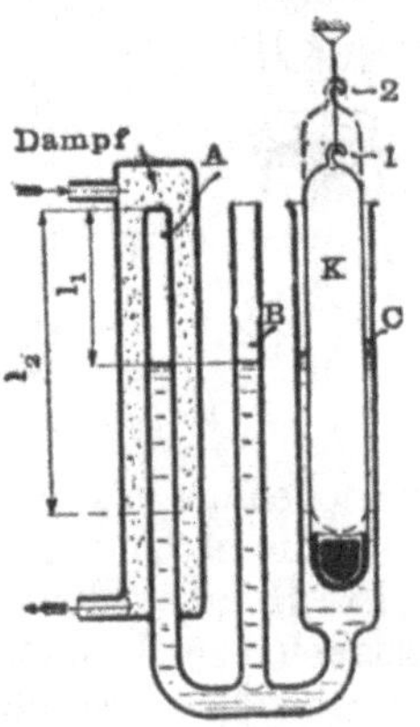

Fig. 11.

$$V_2 = V_1 \cdot \frac{1 + x \cdot t_2}{1 + x \cdot t_1}$$

auf die Form bringen:

$$x = \frac{1 - \frac{V_2}{V_1}}{\frac{V_2}{V_1} \cdot t_1 - t_2}; \text{ es ergibt sich: } \mathbf{x = 0{,}003665 = \frac{1}{273}}$$

Versuche haben bewiesen, daß dieser Ausdehnungskoeffizient

sich innerhalb sehr weiter Temperaturgrenzen nicht ändert und daß er für alle Gase nahezu dieselbe Größe: $^1/_{273}$ hat.

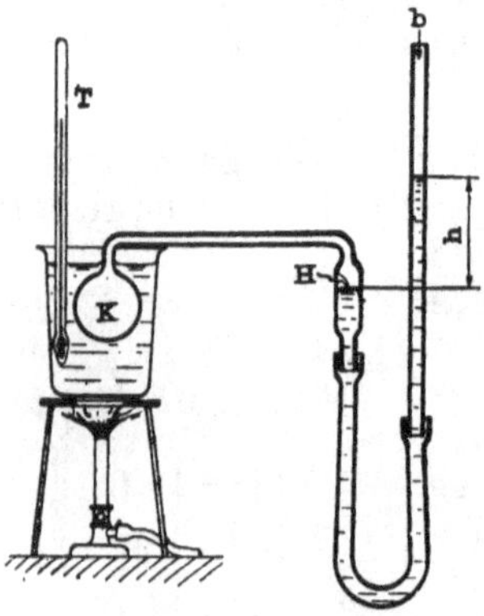

Fig. 12.

Ein zweiter Weg zur Ermittelung des Ausdehnungskoeffizienten geht davon aus, daß anstatt des Druckes das Volumen konstant gehalten wird. An Stelle der Volumenvergrößerung tritt hier eine Druckerhöhung ein. Zu den Versuchen dient unter anderen Apparaten Jollys Luftthermometer (Fig. 12). Durch senkrechtes Verschieben des rechten Schenkels der kommunizierenden Röhren kann man den Quecksilberspiegel im linken Schenkel stets auf die Höhe einer Marke einstellen und somit das Gasvolumen in der Kugel K und im anschließenden engen Verbindungsrohr konstant halten. Als Marke dient die im Quecksilber sich spiegelnde eingeschmolzene Hakenspitze H. Die den verschiedenen (mittels des Thermometers T gemessenen) Temperaturen des abgesperrten Gasvolumens entsprechenden absoluten Drucke p werden als Niveauunterschiede der Quecksilbersäule h + Barometerstand abgelesen und es ergibt sich die Gültigkeit der Beziehung:

$$p_t = p_0 \cdot \left(1 + \frac{t}{273}\right) \quad \ldots\ldots\ldots\ldots \quad Gl.\ 10^a$$

Mit der Kenntnis dieses Gesetzes wird das Instrument Fig. 12 als Luft- bzw. Gasthermometer verwendbar. — Oben ergab sich:

$$v_t = v_0 \cdot \left(1 + \frac{t}{273}\right) \quad \ldots\ldots\ldots\ldots \quad Gl.\ 9^a$$

Diese Gleichungen bilden den Ausdruck des Gesetzes von Gay-Lussac.

Bringen wir die Klammerwerte noch auf die Form: $\frac{273+t}{273}$, so erkennen wir, daß dieser Klammerwert und damit der Wert der rechten Seiten der Gleichungen zu 0 wird, wenn wir einsetzen: $t = -273^0$. Das heißt: Bei dieser Temperatur

— 273 ° C wird — vollkommene Gültigkeit des Gesetzes vorausgesetzt — sowohl das Volumen als auch der Druck eines Gases zu 0. Diese Folgerung, die auf der genannten — für tiefe Temperaturen jedenfalls nicht mehr zutreffenden — Voraussetzung beruht, ist dennoch für die theoretische Entwicklung der Wärmelehre von der größten Bedeutung. Man bezeichnet die Temperatur — 273 ° C als den absoluten Nullpunkt der Temperatur und nennt, von diesem Nullpunkt ausgehend, $T^{0\,abs.} = 273^0 + t^0$ C die absolute Temperatur eines Körpers. Damit erhalten Gl. 9ª und 10ª die Form:

$$v_t = v_0 \cdot \frac{T}{273} \quad \text{Gl. } 9^b$$

$$p_t = p_0 \cdot \frac{T}{273} \quad \text{Gl. } 10^b$$

Aufgabe 7. Wie groß ist der Auftrieb pro ^{cbm} eines Luftballons, dessen Luftinhalt auf 65 ° C erwärmt wird, während die Temperatur der umgebenden Luft = 0 ° C ist? — Der Barometerstand sei: 760^{mm}; dieser Druck ist innerhalb und außerhalb des Ballons gleich. Es kommt also Gl. 9ª zur Anwendung, und da die spezifischen Gewichte gleicher Gasgewichte sich umgekehrt verhalten wie ihre Volumina (Mech. Gl. 7), ist auch:

$$\frac{\gamma_0}{\gamma_t} = \frac{v_t}{v_0} = \frac{273 + 65}{273} = 1{,}238$$

Damit ergibt sich das spezifische Gewicht der Ballonfüllung: $\gamma_t = \frac{1{,}293}{1{,}238} = 1{,}044$ und der Auftrieb pro ^{cbm}:

$1{,}293 - 1{,}044 = \mathbf{0{,}249}^{kg/cbm}$. (Vgl. Mech. Aufg. 22.)

In den Schornsteinen der Dampfkessel und Öfen wird die warme Rauchgassäule durch die spezifisch schwerere kalte Luft der Umgebung emporgetrieben; es entsteht der Schornsteinzug.

Aufgabe 8. In einem Windkessel befindet sich Sauerstoff von $32^{at.\,abs.}$ und 87 ° C. Wie weit wird der Druck bei der Abkühlung auf 15 ° C herabsinken? — Wir vernachlässigen die Volumenänderung des Windkessels und schreiben die Gl. 10ª:

$$\frac{p_{15}}{32} = \frac{273 + 15}{273 + 87}; \qquad p_{15} = \mathbf{25{,}6}^{atm.\,abs.}$$

Für den allgemeineren Fall der Volumenänderung bei gleichzeitiger Änderung der Temperatur und des Druckes erhalten wir eine Beziehung zwischen diesen drei Größen, indem wir uns die beiden Zustandsänderungen nacheinander erfolgend denken, so daß beim ersten Vorgang der Druck, beim zweiten die Temperatur konstant bleibt:

1. Das Volumen v_0 dehne sich bei konstantem Druck infolge der Erwärmung um t^0 aus auf das Zwischenvolumen: (Gl. 9ª).

$$v_z = v_0 \cdot \left(1 + \frac{t}{273}\right)$$

2. Für t = konst. gilt das Mariottesche Gesetz (Mech. Gl. 2), für dessen Gleichung wir die Werte zusammenstellen:

$$v_z = v_0 \cdot \left(1 + \frac{t}{273}\right) \ldots\ldots\ldots\ldots p_0$$
$$v_t = ? \ldots\ldots\ldots\ldots\ldots\ldots\ldots\ldots p_t$$

$\frac{v_t}{v_z} = \frac{p_0}{p_t}$, daraus die Gleichung des Mariotte-Gay-Lussacschen Gesetzes: $v_t \cdot p_t = v_0 \cdot p_0 \cdot \left(1 + \frac{t}{273}\right)$ .... *Gl. 11ª*

oder: $v_t \cdot p_t = \frac{v_0 \cdot p_0 \cdot T}{273}$ .... *Gl. 11ᵇ*

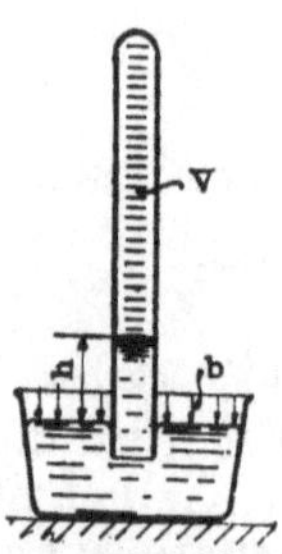

Fig. 13.

Aufgabe 9. In dem kubizierten Gefäß Fig. 13 ist eine Gassäule von $V = 523^{ccm}$ abgesperrt. Es seien: der Barometerstand $b = 745^{mm}$, die Höhe der Quecksilbersäule $h = 126^{mm}$, die Temperatur der Gassäule $t = 22^0$. Das Gasvolumen soll auf 0^0 C und den Normaldruck $p_0 = 760^{mm}$ Hg umgerechnet werden! Wir stellen uns zunächst alle Daten mit den Bezeichnungen der Gl. 11ª übersichtlich zusammen:

$$\left.\begin{array}{l} v_0 = ?^{ccm} \\ p_0 = 760^{mm} \\ v_t = 523^{ccm} \\ p_t = 745 - 126 \\ \quad = 619^{mm} \\ t = 22^0 \end{array}\right\} v_0 = \frac{v_t \cdot p_t \cdot 273}{p_0 \cdot (273 + t)} = \frac{523 \cdot 619 \cdot 273}{760 \cdot 295} = \mathbf{394{,}2}^{ccm}$$

Um für die rechte Seite der Gl. 11^b einen einfacheren Ausdruck zu gewinnen, führen wir für v_0 das Volumen von 1^{kg} eines Gases (das spezifische Volumen) beim Normaldruck $p_0 = 760^{mm} = 10333^{kg/qm}$ ein. dann ergibt sich mit

$$v_0^{cbm} = \frac{1^{kg}}{\gamma^{kg/cbm}} = \text{absol. Volumen (Mech. Gl. } 4^c\text{) oder:}$$

$$v_0^{cbm/kg} = \frac{1}{\gamma^{kg/cbm}} = \text{spezif. Volumen:}$$

$$\frac{v_0^{cbm/kg} \cdot p_0^{kg/qm} \cdot T^0}{273} = \frac{1 \cdot 10333^{kg/qm} \cdot T^0}{\gamma^{kg/cbm} \cdot 273^0},$$

so daß mit der Bezeichnung:

$$\frac{1 \cdot 10333^{kg/qm}}{\gamma^{kg/cbm} \cdot 273} = R^{m/o} = \textit{Gaskonstante}^{1)} \quad \ldots\ldots \quad \textit{Gl. 12}$$

die Gl. 11^b übergeht in die Form:

$$p^{kg/qm} \cdot v^{cbm/kg} = R^{m/o} \cdot T^0 \quad \ldots\ldots \quad \textit{Gl. } 13^a$$

Diese Zustandsgleichung für vollkommene Gase (das sind solche, für die sowohl das Gesetz von Mariotte als auch das von Gay-Lussac genau gilt, s. Kap. VII § 2) wird bei den technischen Anwendungen des Gesetzes stets benutzt. Für trockene Luft z. B. errechnet sich die Gaskonstante mit $\gamma = 1{,}293^{kg/cbm}$:

$$\frac{10\,333}{1{,}293 \cdot 273} = \mathbf{29{,}27}^{m/o}.$$ Ebenso ergibt sich z. B. für:

Wasserstoff	R = 420,0	Stickstoff	R = 30,22
Sauerstoff	R = 26,5	Kohlensäure	R = 19,25

Aufgabe 10. Welchen Raum nimmt 1^{kg} Stickstoff von $15^{at.\,abs.}$ und 18^0 C ein? Aus Gl. 13^a folgt mit R = 30,22:

$$v^{cbm/kg} = \frac{R^{m/o} \cdot T^0}{p^{kg/qm}} = \frac{30{,}22 \cdot (273 + 18)}{15 \cdot 10333} = \mathbf{0{,}05673}^{cbm/kg}$$

Man schreibt die Gl. 13^a, indem man statt des spezifischen Volumens $v^{cbm/kg}$ das Volumen selbst mit V^{cbm} einführt, auch:

$$p^{kg/qm} \cdot V^{cbm} = G^{kg} \cdot R^{m/o} \cdot T^0 \quad \ldots\ldots \quad \textit{Gl. } 13^b$$

Aufgabe 11. Wieviel ^{kg} Wasserstoff sind erforderlich, um einen Ballon von 1200^{cbm} Inhalt bei 13^0 und 732^{mm} Barometerstand zu füllen? Aus Gl. 13^b folgt:

---

1) Über die Bedeutung und die Dimension der Größe R s. K. VI § 1.

$$G^{kg} = \frac{p^{kg/qm} \cdot V^{cm}}{R^{m/o} \cdot T^{0}} = \frac{10333 \cdot 732 \cdot 1200}{760 \cdot 420{,}0 \cdot (273 + 13)} = \mathbf{99{,}32}^{kg}.$$

Zur graphischen Darstellung des Mariotte-Gay-Lussacschen Gesetzes bedürfen wir eines räumlichen Koordinatensystems, dessen drei wie aneinanderstoßende Kanten eines Würfels liegende Achsen den drei Variabeln der Gleichung 13ª: p, v und T entsprechen.

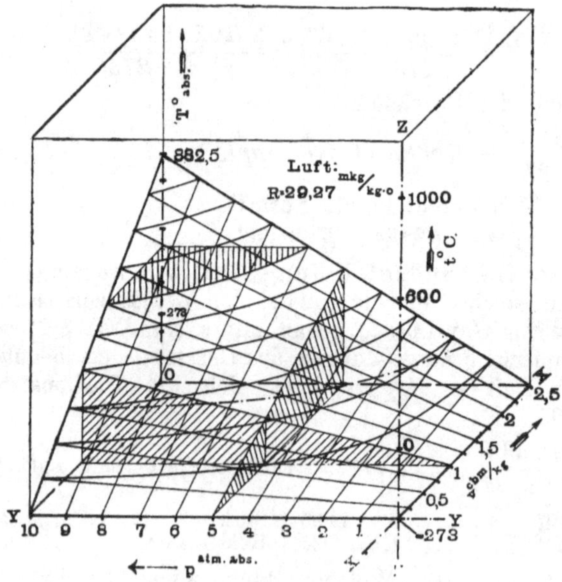

Fig. 14.

Fig. 14 zeigt diese Darstellung, die aus den aus Gl. 13 sich ergebenden Beziehungen entwickelt werden kann: Ist der Druck p = konst., d. h. befinden wir uns in einer zur T-v-Ebene parallelen Ebene, so ergibt die lineare Funktion v = T · konst. eine Gerade durch den Ursprung (die p-Achse), wie z. B. für $p = 5^{atm. abs.}$ hervorgehoben ist. Desgleichen stellt sich für v = konst. die lineare Funktion p = T · konst. als Gerade durch die v-Achse als Ursprung in einer zur T-p-Ebene parallelen Ebene dar (für $v = 1{,}0^{cbm/kg}$ gezeichnet). Damit liegt die räumliche Fläche, deren sämtliche Punkte das Gesetz der Gl. 13ª erfüllen, fest. Für eine zur p-v-Ebene parallele Ebene gilt: $T = \text{konst.}$ Jede solche Ebene (für $T = 530^0$ abs. gezeichnet) schneidet die räumliche Fläche in einer Kurve, die der Gleichung $p \cdot v = R \cdot T = \text{konst.}$, d. h. dem Mariotteschen Gesetz entspricht (Mech. Gl. 2). Diese Kurven sind also gleichseitige Hyperbeln (Mech. Fig. 45). Wegen $T = \text{konst.}$ nennt man die Kurvenart: Isotherme. (Die strichpunktierte Linie stellt eine Adiabate dar Kap. VI § 2).

Befinden sich mehrere Gase gleichzeitig in einem Raum, so ergibt sich die Gaskonstante auf Grund des Daltonschen Gesetzes (Mech. Kap. VIII § 5). Dieses lautet: Der Mischungsdruck p mehrerer chemisch indifferenter Gase ist gleich der Summe der Einzelspannungen $p_1, p_2, p_3, \ldots$ mit denen jedes Gas für sich den ganzen gegebenen Raum ausfüllen würde. Wir erhalten also, wenn $G_1, G_2, G_3 \ldots$ die Gewichte, $R_1, R_2, R_3 \ldots$ die Gaskonstanten der einzelnen Bestandteile sind aus Gl. 13^b:

$$V \cdot (p_1 + p_2 + p_3 + \ldots) = (G_1 \cdot R_1 + G_2 \cdot R_2 + G_3 \cdot R_3 + \ldots) \cdot T$$

Setzen wir: $V^{cbm} = v^{cbm/kg} \cdot (G_1 + G_2 + G_3 \ldots)^{kg}$, so ist:

$$v \cdot p = \frac{G_1 \cdot R_1 + G_2 \cdot R_2 + G_3 \cdot R_3 + \ldots}{G_1 + G_2 + G_3 + \ldots} \cdot T, \text{ somit ist hier:}$$

$$R_m{}^{m/o} = \frac{G_1 \cdot R_1 + G_2 \cdot R_2 + G_3 \cdot R_3 + \ldots}{G_1 + G_2 + G_3 + \ldots} \ldots\ldots\ldots\ldots \quad Gl.\ 14$$

Das Verhältnis des Teildruckes p_1 eines Gases zum Gesamtdrucke p ergibt sich mit Gl. 13^b:

$$\frac{p_1}{p} = \frac{G_1}{G_1 + G_2 + G_3 + \ldots} \cdot \frac{R_1}{R_m} \ldots\ldots\ldots\ldots \quad Gl.\ 14^b$$

Aufgabe 12. Es sollen Gewichtsverhältnis und Teildrucke von Stickstoff und Sauerstoff in reiner Luft von 760^{mm} Hg berechnet werden. — Nennen wir $G_1{}^{kg}$ das Gewicht des Sauerstoffes in 1^{kg} Luft, $G_2 = 1 - G_1{}^{kg}$ das des Stickstoffs, so folgt aus Gl. 14:

$$1^{kg} \cdot 29{,}27^{m/o} = G_1{}^{kg} \cdot 26{,}5^{m/o} + (1 - G_1)^{kg} \cdot 30{,}22^{m/o}.$$

Daraus $G_1 = \mathbf{0{,}255}^{kg}$; $G_2 = 1 - 0{,}255 = \mathbf{0{,}745}^{kg}$.

Der Teildruck des Sauerstoffs ist nach Gl. 14^b:

$$p = 760 \cdot 0{,}255 \cdot \frac{26{,}5}{29{,}27} = \mathbf{175{,}4}^{mm}$$

der des Stickstoffs: 760—175,4 = **584,6**^{mm}. (Durch direkten Versuch ergeben sich etwas andere Werte der Teilgewichte!)

§ 4. Die Thermometer. Außer der 100-teiligen Celsiusschen Temperaturskala, die in den meisten Staaten zu wissenschaftlichen Zwecken ausschließlich benutzt wird, ist die von Fahrenheit (in England und Amerika) in Gebrauch. Die Skala von Réaumur wird im täglichen Leben noch gelegentlich angewandt.

Skala	Siedepunkt	Eispunkt	Umrechnungsgleichungen
Celsius	100°	0°	$n^0 C = 4/5 \cdot n^0 R = 9/5 \cdot n + 32^0 F$
Fahrenheit	212°	+ 32°	$n^0 F = 5/9 \cdot (n - 32)^0 C$
Réaumur	80°	0°	$n^0 R = 5/4 \cdot n^0 C$

Als Thermometersubstanz hat das Quecksilber wegen seines nahezu unveränderlichen und großen Ausdehnungskoeffizienten die größte Bedeutung. Die Wahl der Skala des Quecksilberthermometers ist willkürlich auch insofern, als gleichen Volumenänderungen nicht unbedingt gleiche Temperaturgrade, d. h. proportionale Änderungen der Intensität der Molekularschwingungen, zu entsprechen brauchen. Genauer wird diese Forderung vom Wasserstoffthermometer erfüllt, auf das daher auch wissenschaftliche Angaben und Eichungen von Quecksilberthermometern bezogen werden. — Zur Herstellung der Quecksilberthermometer eignet sich am besten das Jenaer Normalglas von Schott & Gen., das durch einen eingeschmolzenen violetten Streifen erkennbar ist, und dessen Ausdehnungskoeffizient ist: $\alpha = 0{,}0000081$. Es ist bis etwa 420° C verwendbar.

Hinsichtlich der Konstruktion unterscheidet man Stabthermometer (mit dickwandiger Kapillare, in die die Skala eingeritzt wird) und Einschlußthermometer (mit dünnwandiger Kapillare und besonderer Milchglasskala). Letztere gestatten genauere Ablesungen. Papierskalen ziehen sich leicht und sind daher nicht genau.

Zum Füllen des Thermometerrohres mit Quecksilber bildet man das obere offene Ende als Kugelansatz aus, in den man eine ausreichende Menge Quecksilber hineinbringt. Durch Erwärmen des Gefäßes am unteren Ende wird Luft aus diesem ausgetrieben, und beim Erkalten wird das Quecksilber durch den Druck der äußeren Luft durch die Kapillare hindurch hineingetrieben. Durch Kochen des Quecksilbers treibt man schließlich alle Luft und Feuchtigkeit hinaus. Steht der Faden bei der beabsichtigten Höchsttemperatur bis zum Ende der Kapillare, so wird hier die Ansatzkugel ab- und die Kapillare zugeschmolzen. Zweckmäßig läßt man die Kapillare am oberen Ende in eine Erweiterung auslaufen, damit beim Überschreiten der Höchsttemperatur die Röhre nicht zersprengt wird. Es müssen nun die Fundamentalpunkte festgelegt werden. Zunächst bestimmt man den Siedepunkt, indem man das Thermometer in ganzer Länge des Fadens in Dampf von siedendem Wasser hineinbringt. Fig. 15 zeigt das hierbei zu verwendende Dampfbad. Es ist die Tabelle im Kap. VII § 1 zu beachten, d. h. es muß entweder der Druck im Dampfraum auf 760^{mm} abs. gebracht werden (durch einen Drosselhahn am Dampfauslaß), oder die dem Barometerstande entsprechende Temperatur anstatt 100^0 markiert werden. Den Eispunkt bestimmt man durch Einführen des Thermometers in kleine Eisstückchen oder Schnee. Hierbei sinkt die Quecksilberkuppe zunächst tiefer, als sie zum Schlusse stehen bleibt. Diese „Depression des Eispunktes" zeigt sich auch später noch, wenn das Thermometer vorher auf eine hohe Temperatur erhitzt worden war. Sie wird verringert, wenn man das Thermometer einen Tag lang auf die Höchsttemperatur erhitzt und dann sehr langsam sich abkühlen läßt. — Die Einteilung der Skala zwischen den Fundamentalpunkten geschieht nach folgenden Methoden. Nach dem Füllen der Röhre werden kurze Fadenstücke abgetrennt und nach und nach längs der Röhre verschoben, was durch Klopfen und Schleudern gelingt. Aus der jeweiligen Länge der Fadenstücke werden die Querschnittsverhältnisse der Kapillare bestimmt (kalibriert), und dann wird die Skala nach gleichen Volumen eingeteilt. Selten macht man die Skala gleichteilig und gibt dem Instrument eine Eichkurve bei. Bei einem anderen Verfahren geht man von der Skala eines geprüften Normalthermometers aus, mit dem man eine provisorische Skala des zu eichenden Thermometers Grad für Grad vergleicht. Die endgültige Skala wird dann nach der beim Vergleich gewonnenen Korrektionstabelle erzeugt. Wertvollere Instrumente für wissenschaftliche Untersuchungen werden durch die physi-

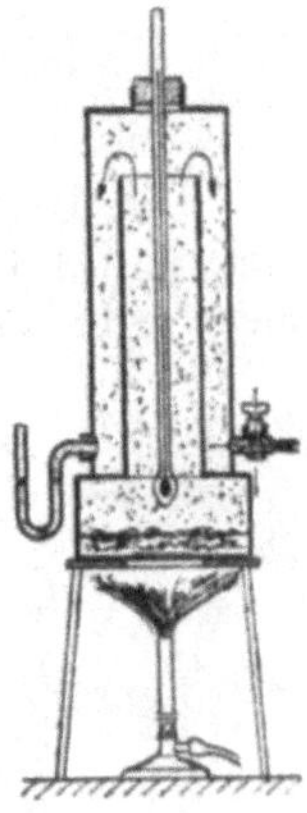

Fig. 15.

kalisch-technische Reichsanstalt in Berlin durch Vergleich mit dem Wasserstoff-Gas-Thermometer (Prinzip Fig. 12) geprüft und es wird über Fehler in der Gradangabe und die Depression des Eispunktes ein Zeugnis ausgestellt.

Ragt bei der Benutzung des Thermometers ein Fadenstück von f Graden Länge aus dem Raum mit der zu messenden Temperatur t heraus, und ist t_f die Temperatur des herausragenden Stücks, so muß zu der Ablesung t hinzuaddiert werden:

$$\Delta t = \frac{1{,}6 \cdot f \cdot (t - t_f)}{10\,000}$$

Die Bestimmung von t_f erfolgt mittels eines Hilfsthermometers, das man unmittelbar neben dem herausragenden Thermometerende anbringt.

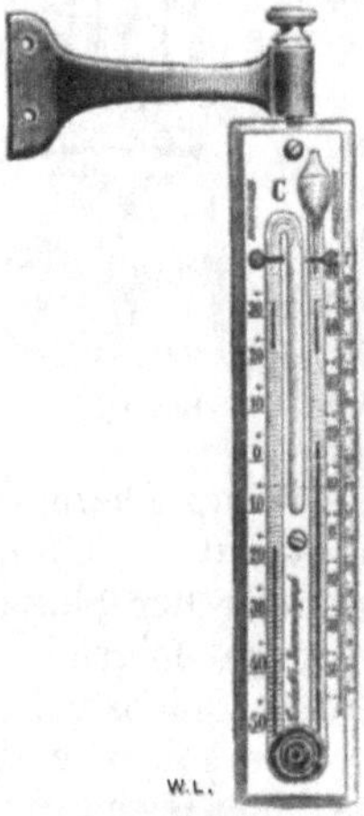

Fig. 16.

Mit dem gewöhnlichen Quecksilberthermometer lassen sich Temperaturen bis 350° (dem Siedepunkt des Quecksilbers) messen. Wird der Raum über dem Quecksilber mit Stickstoffgas gefüllt (das dem Quecksilber gegenüber chemisch indifferent ist), so steigt infolge der durch das Ansteigen des Quecksilberfadens bedingten Kompression des Gases dessen Druck. Damit erhöht sich der Siedepunkt (Kap. VII § 1) des Quecksilbers, und man kann Temperaturen bis über 450° messen. Für tiefe Temperaturen (Gefrierpunkt des Quecksilbers: — 39° C) wendet man Alkohol, Toluol oder Petroleumäther als Thermometerflüssigkeit an. — Beim Maximum- und Minimumthermometer von Six (Fig. 16) dient als Thermometerflüssigkeit die Alkoholfüllung im mittleren und linken Rohr Ein Quecksilberfaden wird durch den sich ausdehnenden Alkohol verschoben und verschiebt dabei seinerseits im Voranschreiten glasumhüllte Stahlstiftchen, die er beim Zurückweichen liegen läßt. Nach der Ablesung werden die Stiftchen durch einen Magneten wieder an den Quecksilberfaden herangeführt. — Beim Maximum-Fieberthermometer reißt der Faden beim Zurückgehen an einer verengten Stelle der Kapillare ab und muß zu neuem Gebrauch durch Schleudern wieder zusammengeführt werden. — Für

Fig. 17.

manche Zwecke gebraucht man Thermometer, die nur ein beschränktes Stück der Celsiusskala aufweisen, das dann aber um so weiter unterteilt ist. Beim Hypsometer ist das Stück etwa zwischen 80 und 105° sehr genau eingeteilt; es dient zur Höhenmessung durch Angabe des Siedepunktes von Wasser in einem offenen Siedegefäß, in das man das Instrument hineintaucht(Kap.VII § 1). Der Thermograph (Fig. 17) besteht aus einer mit Alkohol gefülltenMetallröhrenfeder, die bei zunehmender Temperatur infolge des inneren Überdruckes sich streckt und ihre Bewegung auf ein Schreibwerk überträgt. Ähnlich ist die Wirkung im

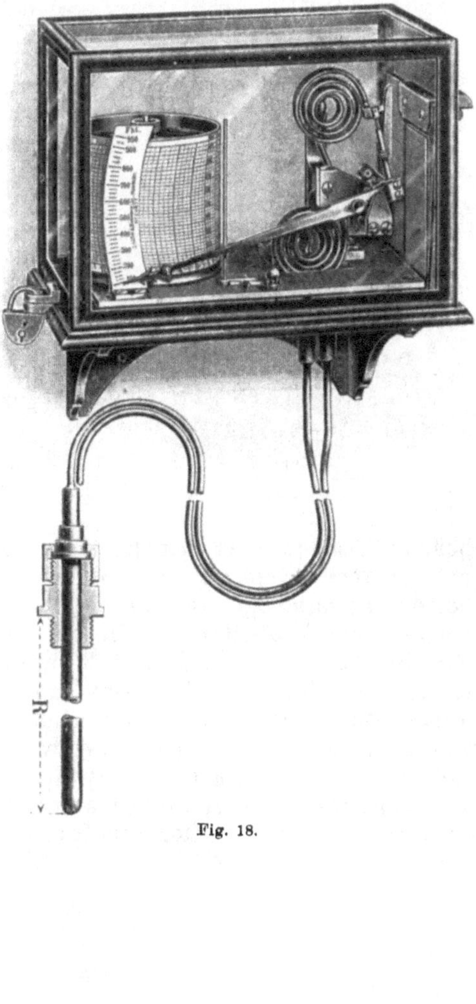

Fig. 18.

Quecksilberfederthermometer (Fig 18), das bei dieser Ausführung zur Fernregistrierung dient. Das Instrument ist für Temperaturen bis 500° C und bis 50^m Leitungslänge geeignet. Damit die Angabe der Temperatur im Tauchrohr R nicht durch Temperaturschwankungen in der Umgebung der mit Quecksilber gefüllten Leitungsröhre geändert wird, ist letztere doppelt vorgesehen. Durch entsprechende Anordnung der mit den beiden Röhren verbundenen Spiralfederröhren wird jener Einfluß in bezug auf das Zeiger- und Schreibwerk vollkommen kompensiert. Die Wirkung des sogenannten Thalpotasimeters beruht auf der im Kap. VII § 1 erläuterten Tatsache, daß die Spannung des gesättigten Dampfes einer Thermometerflüssigkeit, z. B. Äther oder Quecksilber, eine Funktion der Temperatur ist. Diese Spannung wird mit Hilfe eines empfindlichen Röhrenfedermanometers gemessen, dessen Skala unmittelbar die Temperatur angibt. Bei Quecksilberfüllung sind mit diesem Instrument Temperaturen bis 750° meßbar. — Metallthermometer werden meistens zur Messung höherer Temperaturen benutzt. Die Stabthermometer beruhen auf der verschieden starken Ausdehnung verschiedener Metalle bei der Erwärmung. Die gegenseitige Verschiebung wird auf ein Zeigerwerk übertragen. Häufig wendet man die Wirkung an, die bei Behandlung der Kompensationsunruhe (Fig. 8) erörtert wurde: Fig. 19 zeigt ein zur Messung niedriger Temperaturen geeignetes Instrument, dessen schraubenförmig gewundene Feder aus einem ausgewalzten Streifen aus Silber, Gold und Platin besteht. Es ist gleichzeitig zur Messung sehr schwacher galvanischer Ströme durch deren Wärmewirkung zu verwenden. (Thermometer von Breguet.)

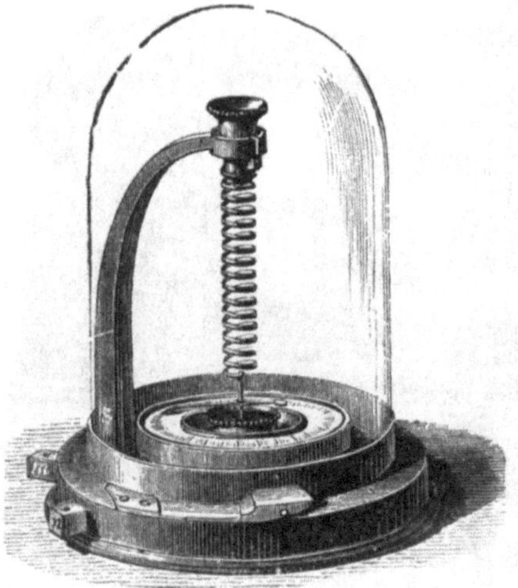

Fig. 19.

Meßinstrumente für höhere Temperaturen (ohne bestimmte Grenze) werden Pyrometer genannt. Das Luftpyrometer von Wyborgh ist eine Abänderung des Luftthermometers (Fig. 12), dessen Kugel K durch ein asbestumhülltes Porzellanrohr ersetzt wird. In verschiedener Weise macht man den elektrischen Strom zur Messung von Temperaturen und zur Fernanzeige nutzbar: Das Thermoelement besteht aus zwei gleich langen Metallstäben, die an einem Ende miteinander verlötet sind und hier der zu messenden Temperatur ausgesetzt werden, während die andern Enden auf gleicher Temperatur gehalten werden. Es entsteht ein Thermostrom, dessen Spannung gemessen wird. Das auf dem Prinzip des Thermoelements beruhende Pyrometer von Le Chatelier ist für Temperaturen zwischen 800 und 1600° C geeignet. — Der elektrische Leitungswiderstand nimmt mit der Temperatur nach einem regelmäßigen Gesetz zu. Diese Tatsache wird benutzt im Quarzglaswiderstandsthermometer, das für Temperaturen zwischen — 200 und + 900° C benutzt wird. Ein Widerstandsdraht aus reinem Platin ist in ein Quarzrohr eingeschmolzen, das man ohne Schaden schroffen Temperaturwechseln aussetzen kann. Das gleichfalls auf der Widerstandsänderung beruhende Bolometer gestattet die Messung äußerst kleiner Temperaturunterschiede und wird zu exakten Strahlungsmessungen viel benutzt.

Auf der Anwendung der Spektralphotometrie (s. Optik) beruht das optische Pyrometer von Wanner, mit dem die höchsten Temperaturen gemessen werden können.

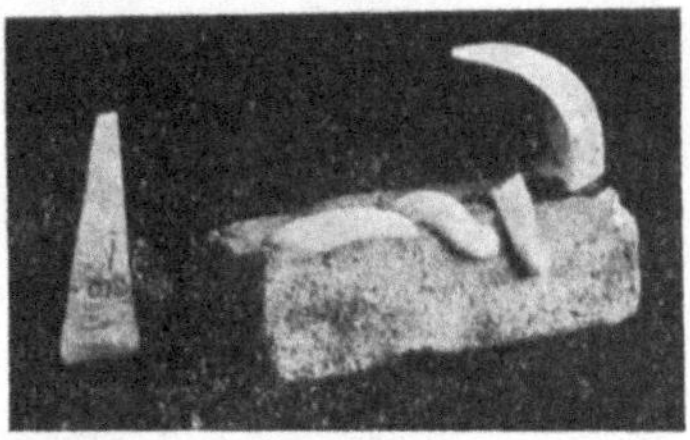

Fig. 20.

In der keramischen Industrie sind zur Messung hoher Temperaturen die Segerschen Brennkegel im Gebrauch. Es sind Tonkörper mit Zusätzen von Quarzsand und Feldspat, die, in den Heizraum gebracht, die Temperatur durch den Grad der Erweichung (Fig. 20) abzuschätzen gestatten. Biegen sich die mit den nachstehenden Nummern versehenen Kegel gerade so weit um, daß die Spitze die Unterlage erreicht, so herrschen im Heizraum, in dem sie sich befinden, die zugehörigen Temperaturen:

S. K. Nr. 022	t = 600° C	S. K. Nr. 18	t = 1500° C
„ 010a	900	„ 27	1610
„ 05a	1000	„ 32	1710
„ 6a	1200	„ 27	1825
„ 10	1300	„ 40	1920
„ 14	1410	„ 42	2000

Die Prinsepschen Legierungen (Kap. IV § 2), die einen bestimmten bekannten Schmelzpunkt haben, dienen ähnlichen Zwecken. Sie sind kostspielig! Endlich ist die Bestimmung hoher Temperaturen mit Hilfe des Kalorimeters zu erwähnen, über die im Kap. V Näheres gesagt ist.

Bemerkenswerte Temperaturen[1]**:**

Hochofen . . .	1800° C	Auerlampe . .	2200—2450° abs.
Knallgas . . .	2300° „	Glühlampe . .	1875—2100° „
Bogenlampe . .	3750—4200° abs.	Kerze	1750—2100° „
Nernstlampe . .	2200—2450° „		

Glühfarben des Eisens[2]**:**

Blendend weiß . .	über 1500° C	hellkirschrot	1000° C
Schweißhitze . .	1400—1500 „	kirschrot	900 „
weißglühend . .	1300 „	dunkelkirschrot	800 „
hellorange . . .	1200 „	dunkelrot	700 „
dunkelorange . .	1100 „	im Dunkeln rotglühend .	500 „

[1]) Nach Müller-Pouillet, Lehrbuch der Physik.
[2]) Nach Taschenbuch der Hütte.

IV. Kapitel.

Spezifische Wärme. Aenderung des Aggregatzustandes.

§ 1. Spezifische Wärme. Wir betrachten zunächst die Beziehungen zwischen Wärme und Temperatur der Körper bei unverändertem Aggregatzustand. Als spezifische Wärme oder Wärmekapazität bezeichnen wir die Wärmemenge in Kalorien, die wir zur Erwärmung von 1^{kg} des Stoffes um 1^0 C aufwenden müssen. Als Einheit der spezifischen Wärme gilt die des Wassers: $1^{Cal} = 1000^{gcal}$. Die spezifische Wärme der einzelnen Körper ist nicht unveränderlich, sondern nimmt im allgemeinen zu mit wachsender Temperatur. Dies ist auch beim Wasser der Fall, und es gilt hier die von Dieterici aufgestellte empirische Formel:

$$c^{Cal/kg} = 0{,}9983 - 0{,}005184 \cdot \frac{t}{100} + 0{,}006912 \cdot \left(\frac{t}{100}\right)^2 \quad \text{Gl. 15}$$

Man rechnet praktisch mit der sogenannten 15^0-Kalorie, d. i. die spezifische Wärme des Wassers in dem Temperaturintervall $14{,}5^0$ bis $15{,}5^0$ C, die als konstant angesehen wird.

1. Mittlere spezifische Wärme $c^{Cal/kg}$ fester Körper zwischen 0 und 100^0 C.

Aluminium	0,21	Nickel	0,11
Blei	0,031	Platin	0,032
Eis ($-20^0 \div 0^0$)	0,502	Roheisen	0,13
Glas	0,20	Schweißeisen, Stahl	0,114
Gold	0,031	Silber	0,056
Holz	0,57—0,65	Ziegelsteine	0,189—0,241
Kupfer	0,095	Zink	0,094
Marmor	0,21	Zinn	0,056
Messing	0,092		

Eine für die Chemie wichtige Beziehung findet ihren Ausdruck in dem Gesetz von Dulong und Petit: Das Produkt aus spezifischer Wärme und Atomgewicht der metallischen Elemente (die Atomwärme) ist annähernd konstant, im Mittel = 6,4. Z. B.:

	spez. Wärme	·	Atomgewicht	=	Produkt
Kupfer	0,095	·	63,2	=	6,00
Schmiedeeisen . .	0,114	·	56	=	6,38
Platin	0,033	·	194,4	=	6,42
Zinn	0,056	·	117,4	=	6,57

Starke Abweichungen zeigen u. a.: Kohlenstoff, Phosphor, Schwefel, Silicium. Nach Clausius gilt das Gesetz genauer, wenn man anstatt der ganzen spezifischen Wärme nur deren zur Temperaturerhöhung aufgewendeten Anteil in Rechnung stellt (s. § 3).

Für verschiedene allotropische Modifikationen desselben Stoffes ist die spezifische Wärme um so größer, je geringer die Dichte ist, z. B. Kohlenstoff: Holzkohle: $c = 0,241$, Graphit: $c = 0,174$, Diamant: $c = 0,147$. Die spezifische Wärme der Legierungen ist gleich der Summe der Produkte aus spezifischer Wärme und Gewicht der Bestandteile dividiert durch das Gewicht der Legierung.

2. Die spezifische Wärme der Flüssigkeiten ist — entsprechend der geringeren Dichte — durchweg größer als die der festen Körper. Sie ist mit der Temperatur meist stärker veränderlich als bei festen Körpern. Bemerkenswert ist, daß beim Quecksilber mit steigender Temperatur eine Abnahme der spezifischen Wärme eintritt, während sie bei den übrigen Flüssigkeiten ebenso wie bei festen Körpern mit der Temperatur zunimmt. Im Mittel gilt:

Mittlere spezifische Wärmen $c^{Cal/kg}$ der Flüssigkeiten zwischen 0° und 100°.

Äther	0,54	Olivenöl	0,40
Alkohol	0,58	Petroleum	0,50
Glyzerin	0,58	Quecksilber	0,033

Die spezifische Wärme der Flüssigkeitsgemenge und Lösungen folgt keinem so einfachen Gesetze wie es für die Metallegierungen gilt. Ein Gemisch von Alkohol und Wasser hat unter Umständen eine spezifische Wärme > 1, also größer als die spezifische Wärme der Bestandteile. Bei den meisten Salzlösungen ist das Gegenteil der Fall.

3. Von der spezifischen Wärme der Gase und Dämpfe kann man ein klares Bild nur auf Grund folgender Anschauung gewinnen, die zwar für alle Körper gilt, aber wegen der starken Wärmedehnung der gasförmigen Stoffe für diese besondere Bedeutung gewinnt. Die spezifische Wärme denken wir uns aus folgenden Teilwärmemengen zusammengesetzt: c_t: die zur Temperaturerhöhung, d. h. zur Vergrößerung der molekularen Schwingungsenergie aufgewandte Wärmemenge; c_i: die innere zur Vergrößerung des Molekülabstandes erforderliche. c_a: die äußere zur Überwindung der der Ausdehnung entgegenwirkenden äußeren Hindernisse notwendige Wärmemenge. Somit ist: $c = c_t + c_i + c_a$. Der letzte Wert c_a wird nun zu 0, wenn wir die Erwärmung des Gases in einem geschlossenen Raum, d. h. bei konstantem Volumen vornehmen. Der Wert $c_v = c_t + c_i$ der spezifischen Wärme bei konstantem Volumen wird also kleiner sein als der Wert $c_p = c_t + c_i + c_a$ der spezifischen Wärme bei konstantem Druck, also ungehinderter Raumvergrößerung.

Diese Beziehung ist für die mechanische Wärmetheorie von der größten Bedeutung (Kap. VI § 1).

Spezifische Wärme der Gase bei konstantem Druck und bei konstantem Volumen.

Bezogen auf	1 *kg*		1 *cbm* bei 0° und 760 *mm*		$k = \frac{c_p}{c_v}$
	c_p	c_v	C_p	C_v	
Luft	0,238	0,170	0,307	0,218	~ 1,41
Sauerstoff	0,217	0,155			
Stickstoff	0,247	0,176			
Wasserstoff	3,41	2,42			
Alkohol	0,453	0,400	0,930	0,822	1,133
Ammoniak	0,53	0,41	0,396	0,305	1,29
Kohlensäure	0,21	0,16	0,393	0,304	1,31
Schweflige Säure	0,15	0,12	0,429	0,342	1,255
Überhitzter Wasserdampf	0,48	0,37	0,386	0,297	1,30

(Die Werte 0,307, 0,218 und ~ 1,41 gelten gemeinsam für Luft, Sauerstoff, Stickstoff und Wasserstoff.)

Es ist die Bezeichnung üblich:

$$\frac{c_p}{c_v} = k \quad \ldots\ldots\ldots\ldots \quad Gl.\ 16$$

Die ersten vier sogenannten vollkommenen Gase (über die Bedeutung dieses Begriffes s. Kap. VII § 2) haben für gleiche Volumina annähernd gleiche spezifische Wärme und gleiche Werte von k. Bei diesen Gasen ändern sich die angegebenen Werte auch nur wenig mit Druck und Temperatur. Für die andern Gase hingegen haben die angegebenen Werte nur annähernde Gültigkeit (bis etwa 200° C). Hier wachsen die spezifischen Wärmen mit der Temperatur. Nach Versuchen von Holborn und Henning gilt für gesättigten Wasserdampf zwischen 0 und t^0: $c_p = 0{,}467 - 0{,}0000168 \cdot t + 0{,}000000044 \cdot t^2$. Außerdem gilt für gesättigten Wasserdampf, wenn wir x die spezifische Dampfmenge nennen (Kap. VII § 2): $k = 1{,}035 + 0{,}1 \cdot x$.

Wichtig ist die Bemerkung, daß die zur Erwärmung eines Gases um $t = T_2 - T_1$ erforderliche Wärmemenge stets ist: $c_v \cdot (T_2 - T_1)$, ganz gleichgültig, ob die Erwärmung wirklich bei gleichbleibendem Volumen vorgenommen wird oder nicht (s. Kap. VI § 2).

§ 2. Schmelzen, Erstarren. Wir füllen einen Kochbecher mit Eisstückchen und setzen einen Bunsenbrenner darunter. Ein im Eise befindliches Thermometer zeigt 0° C an, und diese Temperatur bleibt auch in dem sich bildenden Schmelzwasser erhalten (das wir mit dem Thermometer umrühren), bis das letzte Eisstückchen geschmolzen ist. Erst dann beginnt die Temperatur über 0° zu steigen. Die latente (d. h. versteckte, weil durch die Temperatur nicht erkennbare) Wärmemenge, die wir einem ^{kg} eines Stoffes von Schmelzpunktstemperatur zuführen müssen, um es vollständig zum Schmelzen zu bringen, heißt Schmelzwärme und wird in $^{Cal/kg}$ angegeben. Die Schmelzwärme stellt den Energiewert dar, den wir zu der als Schmelzen bezeichneten Trennung der Moleküle aufwenden

Schmelzwärmen $\sigma^{Cal/kg}$ und Schmelzpunkte ° C.

	σ Cal/kg	t°		σ Cal/kg	t°
Blei	5,37	326	Platin	27,2	1720 ÷ 1780
Eis	80,00	0	Quecksilber	2,82	— 39
Glas	—	1000 ÷ 1400	Schmiedeeisen	—	1350 ÷ 1450
Gußeisen	23 ÷ 33	ca. 1200	Stahl	—	1300 ÷ 1400
Kupfer	43	? 1050	Silber	21	960
Paraffin	35	54	Zink	28	419
			Zinn	13	232

müssen. Um eine Flüssigkeit von Erstarrungs- (= Schmelz-) Temperatur zum vollständigen Erstarren zu bringen, muß ihr eine der Schmelzwärme gleiche Wärmemenge pro ^{kg}, die Erstarrungswärme entzogen werden. Oberhalb und unterhalb der Schmelzpunktstemperatur (im flüssigen und im festen Zustande) folgen die Körper den in § 1 angedeuteten Gesetzen.

Legierungen haben einen niedrigeren Schmelzpunkt, als das arithmetische Mittel aus den Schmelzpunkten der Bestandteile ergeben würde. Oft wird sogar der Schmelzpunkt des am leichtesten schmelzenden Bestandteils unterschritten. Bekannt sind die leicht schmelzbaren Legierungen:

Weichlot — Blei und Zinn zu gleichen Teilen. Schmelzpunkt bei 213° C.

Roses Metall — 2 T. Wismut, 1 T. Blei, 1 T. Zinn; Schmelzpunkt 110°.

Woods Metall — 7 T. Wismut, 4 T. Blei, 2 T. Zinn, 2 T. Kadmium; Schmelzpunkt 70°.

Prinseps Legierungen — Silber, Gold, Platin; Schmelzpunkt 950 ÷ 1750°. Letztere dienen zur Bestimmung hoher Temperaturen (Kap. III § 4). Andere Anwendungsbeispiele der leicht schmelzenden Legierungen sind z. B. die Alarmapparate an Dampfkesseln und selbsttätige Feuerlöschbrausen (sogenannte Sprinkler).

Unterkühlung oder Erstarrungsverzug nennt man die bei luftfreien kristallinischen Körpern auftretende Erscheinung, daß sie sich weit unter den Erstarrungspunkt abkühlen lassen, ohne zu gefrieren, wenn man die Abkühlung unter Vermeidung von Erschütterungen vor sich gehen läßt. Durch Schütteln oder Hineinwerfen eines Kristalls der betreffenden Substanz wird dieser Zustand aufgehoben, indem sich schnell Kristalle bilden. Durch die hierbei rückerzeugte Erstarrungswärme steigt die Temperatur augenblicklich auf den normalen Erstarrungspunkt. Wasser läßt sich leicht bis auf — 10°, bei besonderer Vorsicht auf — 20° unterkühlen. Unterschwefligsaures Natron schmilzt bei + 48° in seinem Kristallwasser und läßt sich dann bis auf + 10° unterkühlen. Die beim Kristallisieren freiwerdende Wärme macht man sich z. B. in Wärmflaschen zunutze.

Die Volumenänderung beim Erstarren ist von der Struktur der Substanz abhängig. Einige kristallinische Stoffe vergrößern beim Erstarren ihr Volumen. Wasser nimmt z. B. beim Gefrieren um etwa ein Zehntel seines Volumens zu. Darauf beruht das Zersprengtwerden der Eisbomben und solcher Wasserleitungen, die nicht vor dem Frost geschützt sind, das Zerbröckeln von Mörtelputz, der in frischem Zustande dem Frost ausgesetzt

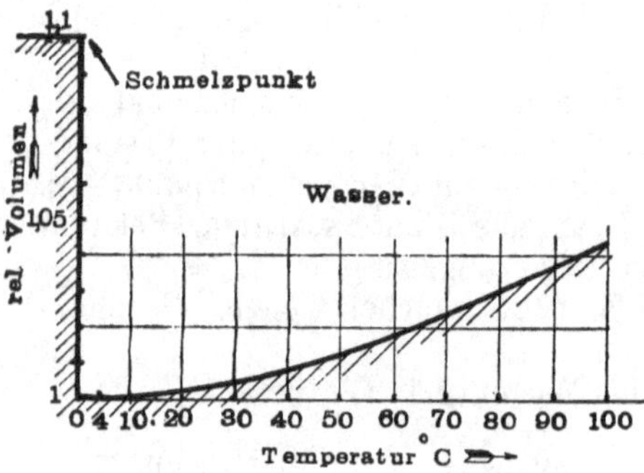

Fig. 21.

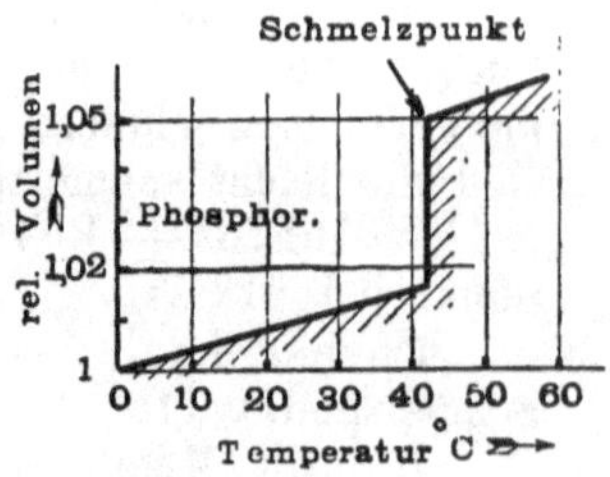

Fig. 22.

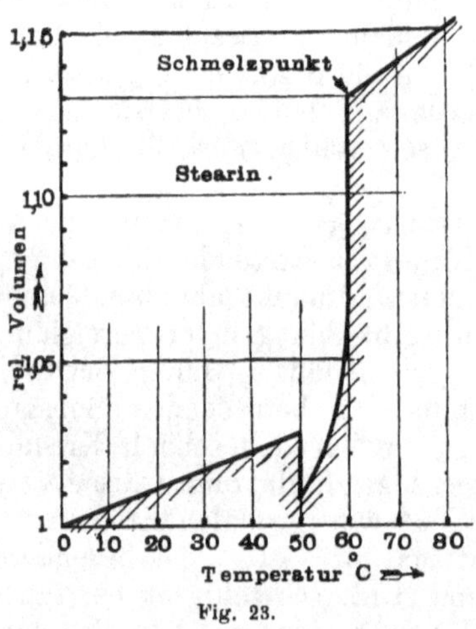

Fig. 23.

war usw. Amorphe Körper (z. B. Phosphor) ziehen sich beim Erstarren zusammen. Die Diagramme (Fig. 21, 22) lassen diese Verhältnisse erkennen; Fig. 23 zeigt das eigenartige Verhalten des Stearins[1]).

Durch Druckänderung wird der Schmelzpunkt verlegt, und zwar wird durch Vergrößerung des Druckes der Schmelzpunkt derjenigen Stoffe erniedrigt, die sich beim Erstarren ausdehnen (also z. B. beim Wasser der Fall), er wird erhöht bei Substanzen, deren Volumen sich beim Erstarren verkleinert.

Bei Wasser entspricht einer Atmosphäre Druckerhöhung eine Schmelzpunktserniedrigung um 0,0075°. Eisstückchen oder Schnee kann man unter hohem Druck zu festen Körpern plastisch

[1]) Nach Müller-Pouillet, Lehrbuch der Physik.

zusammendrücken (Regelation des Eises). Auf dieser Tatsache beruht die Entstehung der Gletscher aus dem Firnschnee und ihre Bewegung.

Auch zum Lösen fester Stoffe in Flüssigkeiten ist, wie zum Schmelzen, ein Aufwand von latenter Wärme notwendig. Indem bei mangelnder Wärmezufuhr von außen die Lösungswärme dem Lösungsmittel selbst entzogen wird, kühlt sich dieses ab. Darauf beruht die Wirkung der Kältemischungen[1]):

Mischungen	Gew.-Teile	Temp.-Abfall von	Temp.-Abfall auf
Salmiak Salpeter Wasser	5 5 16	+ 10° C	— 12°
Kochsalz Schnee	1 3	0	— 17,7
verd. Salpetersäure Schnee	1 1	— 14	— 35
Chlorkalcium Schnee	2 1	0	— 42

Beim Festwerden, besonders beim Kristallisieren gelöster Stoffe, wird umgekehrt Wärme frei, z. B. tritt beim Erstarren von Gipsbrei eine bedeutende Erwärmung ein.

§ 3. Verdampfen, Kondensieren. Der Siedepunkt einer Flüssigkeit ist mit dem Druck in weit höherem Maße veränderlich, als es der Schmelzpunkt ist. Eine eingehendere Erörterung der Beziehungen zwischen Druck und Temperatur der Dämpfe, durch die auch der Begriff des Siedepunktes eine klarere Fassung erhält, wird im Kap. VII § 1 gegeben. Einstweilen genügt zum Verständnis des folgenden Kapitels die Kenntnis folgender Erscheinungen: Wird die Temperatur einer Flüssigkeit durch Zuführung von Wärme so weit gesteigert, daß die mit der Temperatur nach gewissen Gesetzen steigende Dampfspannung der Flüssigkeit dem auf der Oberfläche lastenden Druck (bei einem offenen Gefäße dem Luftdruck) gleich wird, so siedet die Flüssigkeit, d. h. sie entwickelt unter Aufwallen kräftige Dampfblasen. Weitere Wärmezufuhr (bei gleichbleibendem Druck) hat keine weitere Temperatursteigerung zur

[1]) Nach dem Taschenbuch der Hütte.

Folge, sondern der Siedepunkt bleibt konstant. Als Siedepunkt im engeren Sinne bezeichnen wir die Temperatur, bei der die Flüssigkeit unter dem Normaldruck (760^{mm} Hg) siedet. Die Wärmemenge, die zum vollständigen Verdampfen von 1^{kg} einer Flüssigkeit von Siedepunktstemperatur aufgewandt werden muß, heißt Verdampfungswärme und wird in $^{Cal/kg}$ angegeben. Die latente Verdampfungswärme $r^{Cal/kg}$ stellt den zur Überwindung des Zusammenhanges zwischen den Molekülen beim Übergang aus dem flüssigen in den dampfförmigen Zustand und zur Raumvergrößerung zu leistenden Energiewert dar. Der gleiche Betrag an Wärmeenergie wird bei der Rückverwandlung des Dampfes in den flüssigen Zustand, der Kondensation, wieder frei, d. h. muß dem Dampfe entzogen werden.

Siedepunkte t^0 und Verdampfungswärmen $r^{Cal/kg}$ bei 760^{mm} Hg[1]).

	t^0	$r^{Cal/kg}$		t^0	$r^{Cal/kg}$
Alkohol	78,4	210	Quecksilber	357	68
Kohlensäure	— 78	84	Wasser	100	539,1

Salzlösungen haben einen höheren Siedepunkt als das reine Lösungsmittel. Beim Verdampfen bleiben gelöste und mechanisch suspendierte Stoffe zurück, so daß das reine Lösungsmittel durch Destillation gewonnen werden kann. Die aus Salzlösungen entwickelten Dämpfe sind stets überhitzt (s. Kap. VII § 2).

Luftfreie und zähe Flüssigkeiten können unter Umständen über den Siedepunkt erhitzt werden, ohne zu sieden. Meist tritt darauf eine plötzliche stoßweise Dampfentwicklung statt. Den Siedeverzug vermeidet man, indem man poröse Körper, Holz, Sand, Platindraht usw. an denen Luft adhäriert, in die Flüssigkeit eintaucht. Die Luftblasen begünstigen die Bildung von Dampfblasen.

Bei der Abkühlung der Dämpfe tritt unter Umständen ein Kondensationsverzug ein, d. h. die Temperatur sinkt unter den Kondensationspunkt, ohne daß sich die Flüssigkeit niederschlägt. Durch Einleitung von Staubteilchen in den Dampfraum wird dann die Kondensation eingeleitet, die sich zunächst in Form von Nebel zu erkennen gibt. Diese Erscheinung erklärt das häufige Auftreten von Nebeln in der Nähe größerer Städte mit starker Rauchentwicklung.

---

[1]) Siehe auch die Tabellen im Kap. VII.

Auch unterhalb des Siedepunktes erfolgt Verdampfen in Gestalt von Verdunsten. Die die Flüssigkeitsoberfläche verlassenden Moleküle durchdringen den umgebenden Gasraum diffusionsartig. Über die dabei im gaserfüllten und im leeren Raum auftretenden Spannungen ist aus Kap. VII Näheres zu ersehen. Zum Verdunsten ist ebenso wie zum Verdampfen bei Siedetemperatur ein Aufwand von latenter Wärme notwendig. Über dessen Werte $r^{Cal/kg}$ s. Tafeln Kap. VII.

Die Wirkung der Wärmeentziehung durch Verdunsten wird durch Luftzug wesentlich beschleunigt. Bekannt ist die Anwendung dieses Umstandes in den Rückkühlanlagen der Kondensatoren von Dampfkraftanlagen und in den Kühlmaschinen (Kap. VII § 6). Gießt man sich Äther auf die Handfläche, so empfindet man die starke Abkühlung, die durch die lebhafte Verdunstung hervorgerufen wird. Kohlensäureschnee mit Äther übergossen liefert Temperaturen bis — 100 ° C.

Auch unterhalb des Erstarrungspunktes, d. h. bei festen Körpern, tritt Verdunsten ein. Dieser direkte Übergang aus dem festen in den gasförmigen Zustand und seine Umkehrung heißt Sublimieren. Auch bei dieser Änderung des Aggregatzustandes ist Wärme zu- bzw. abzuführen.

V. Kapitel.

Kalorimetrie.

Die im vorigen Kapitel angegebenen Beziehungen und Zahlenwerte müssen zunächst durch die Methoden der Wärmemessung oder Kalorimetrie ermittelt werden; daraufhin erst können die gewonnenen Resultate zu weiteren Untersuchungen benutzt werden. Die Aufgaben der Kalorimetrie sind somit:

1. Bestimmung der spezifischen Wärme fester, flüssiger und gas-(dampf-)förmiger Stoffe;
2. Bestimmung der latenten Schmelz- und Verdampfungswärmen (Lösungswärmen, Kristallisationswärmen);

---

3. Bestimmung von Wärmemengen, die bei chemischen Prozessen entstehen (Verbindungswärme), insbesondere bei der Verbrennung (Verbrennungswärme);
4. Messung von Wärmemengen, die aus der Umwandlung einer andern Energieform entstehen, z. B. durch Vernichtung von mechanischer Arbeit, durch Strahlung, durch den elektrischen Strom usw.;
5. Bestimmung hoher Temperaturen.

§ 1. Die Mischkalorimeter. In bezug auf vielseitige Verwendbarkeit steht die Mischungsmethode an erster Stelle. Ihr Wesen und ihre Handhabung werden am besten aus den folgenden Aufgaben hervorgehen. Das Mischkalorimeter (Fig. 24) besteht aus einem Gefäß G aus dünnem Messingblech, das gegen äußere Wärmeleitung und -strahlung möglichst geschützt ist. Man hängt zu diesem Zwecke am besten das Kalorimetergefäß mit Seidenschnüren S in einem zweiten Blechgefäß auf, das jenes unter Zwischenschaltung einer Luftschicht umgibt. Die einander

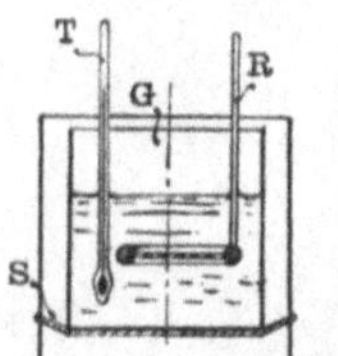

Fig. 24.

zugekehrten Wände der beiden Gefäße werden versilbert oder poliert, um gegenseitige Wärmestrahlung zu verhindern. Dichte Umhüllung des Kalorimetergefäßes mit schlechten Wärmeleitern ist weniger zu empfehlen. Ein gutes Thermometer T, am besten mit $^1/_{10}$ ^{0}-Angabe, und eine Rührvorrichtung R vervollständigen den Apparat. Über weitere Zubehörteile und die Handhabung der ganzen Vorrichtung ist in der folgenden Aufgabe Näheres angegeben. Die in das Mischkalorimeter einzuführenden Probekörper werden zweckmäßig mit Bohrungen versehen, um einen schnellen Wärmeaustausch zu befördern.

Aufgabe 13. Das Kalorimetergefäß (Fig. 24) wiege $G = 284^g$, die spezifische Wärme seines Materials (Messing) ist $c_m = 0{,}092^{gcal/g \cdot 0}$. Der Wasserinhalt betrage $G_w = 423^g$. Die gemeinsame Temperatur sei $t_1 = 16{,}6\,^0$ C. Es soll die spezifische Wärme c_S einer Sorte Schmiedeeisen ermittelt werden, von der ein Stück von $G_S = 137^g$ zur Verfügung steht. — Wir bringen den Probekörper auf die Temperatur $100\,^0$, indem wir ihn mindestens eine halbe Stunde lang in eine Röhre einschließen, die von außen vom Dampf siedenden Wassers umspült wird. Fig. 25 zeigt ein geeignetes Erwärmungsgefäß.

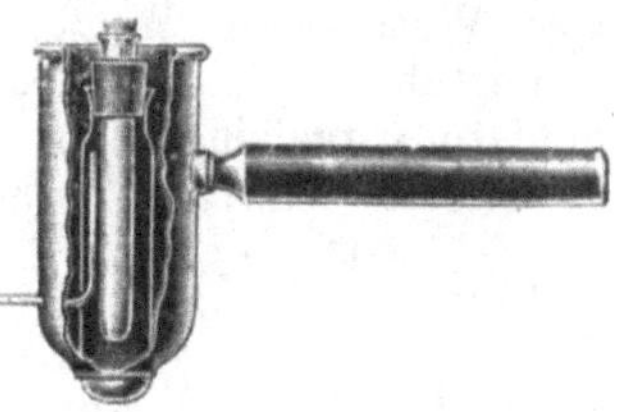

Fig. 25.

Wir führen nun den erwärmten Probekörper auf möglichst direktem Wege in das Kalorimetergefäß ein und beobachten, während wir fleißig umrühren, das Steigen der Temperatur. Nach etwa ein bis zwei Minuten haben Kalorimeter nebst Wasserinhalt und Probekörper die gleiche Mischungstemperatur angenommen, was sich durch Stillstand des Thermometerfadens zu erkennen gibt. Wir lesen nun ab: $t_m = 19{,}4\,^0$. — Die zur Erwärmung des Kalorimeters und des Wasserinhalts erforderliche Wärmemenge mußte von dem Probekörper abgegeben werden; wir erhalten also die Gleichung:

$$G_S{}^g \cdot c_S{}^{gcal/g \cdot 0} \cdot (t_2 - t_m)^0 = (G \cdot c_m + G_w \cdot 1)^{gcal/0} \cdot (t_m - t_1)^0$$

Hieraus ergibt sich:

$$c_S = \frac{(G \cdot c_m + G_w) \cdot (t_m - t_1)}{G_S \cdot (t_2 - t_m)} = \frac{(284 \cdot 0{,}092 + 423) \cdot 2{,}8}{137 \cdot 80{,}6} = \mathbf{0{,}11388}^{gcal/g \cdot 0}$$

Das für jedes Kalorimetergefäß konstante Produkt $G \cdot c$

nennen wir seinen Wasserwert $W^{gcal/0}$. Die Summe $(W + G_w)^{gcal/0}$ ergibt die gesamte Wärmekapazität des Kalorimeters. Wir merken uns die allgemeine Beziehung:

$$G_k{}^g \cdot c_k{}^{gcal/g \cdot 0} \cdot (t_2 - t_m)^0 = (W + G_w)^{gcal/0} \cdot (t_m - t_1)^0 \dots \text{Gl. 17}$$

Durch Wärmeleitung und -strahlung entstehende Fehler, die auch bei sorgfältigster Konstruktion nicht ganz zu vermeiden sind, wurden in der vorstehenden Rechnung vernachlässigt. Diese Fehler lassen sich am besten verringern, indem man dafür sorgt, daß die Zimmertemperatur während des Versuchs etwa die Mitte hält zwischen t_1 und t_m (Rumfordscher Kunstgriff). Bezüglich der bei genaueren Versuchen notwendigen Korrektionsverfahren siehe Aufg. 16. Es soll jedoch bemerkt werden, daß mit den gebräuchlichen Schulapparaten auch bei größter Sorgfalt keine ganz genauen Resultate zu erzielen sind. Der Wasserwert W wird für jedes Kalorimeter am besten empirisch bestimmt. Dadurch wird am sichersten späteren Fehlern vorgebeugt.

Lösen wir Gl. 17 nach $t_2{}^0$ auf:

$$t_2{}^0 = \frac{(W + G_w) \cdot (t_m - t_1)}{G_k \cdot c_k} + t_m \dots \text{Gl. 18}$$

so zeigt sich die Möglichkeit, hohe Temperaturen mit Hilfe des Mischkalorimeters zu messen. Ein Probekörper von bekanntem Gewicht und bekannter spezifischer Wärme wird der zu messenden Temperatur ausgesetzt und dann rasch in das Kalorimeter eingeführt. Die hierfür zu verwendenden Instrumente werden besonders konstruiert (meist mit hohem schräg liegenden Gefäß), um ein Herausschleudern von Wassertropfen zu verhüten. — Beim Mischkalorimeter von Regnault wird der Probekörper nicht erwärmt, sondern durch eine Kältemischung (s. Kap. IV § 2) auf tiefe Temperatur gebracht und dann in das Kalorimeter eingeführt.

Fig. 26.

Um die spezifische Wärme von Flüssigkeiten zu bestimmen, füllt man diese in ein Mischkalorimeter von bekanntem Wasserwert ein und führt dann einen Probekörper von bekannter Wärmekapazität ein. Aus der Temperaturerhöhung der Flüssigkeit läßt sich dann deren spezifische Wärme berechnen. Als Probekörper wird am besten das Kalorifer (Fig. 26) verwandt. Es ist eine Art Thermometer mit großem Quecksilbergefäß und zwei Marken auf der Kapillare. Das Instrument wird erwärmt, bis der Quecksilberfaden etwas über der oberen Marke steht. In dem Augenblick, wo das Fadenende bei der nun folgenden Abkühlung die obere Marke durchschreitet, taucht man das Kalorifer in die zu untersuchende Flüssigkeit im Kalorimeter ein und hebt es, wenn die untere Marke erreicht ist, wieder heraus. Offenbar hat dann das Kalorifer eine ganz bestimmte Wärmemenge K^{gcal} abgegeben, die ein für allemal durch einen Eichversuch bestimmt wird. Gl. 17 geht dann, indem wir G_f das Gewicht, c_f die spezifische Wärme der zu untersuchenden Flüssigkeit nennen, über in:

$$K = (W + G_f \cdot c_f) \cdot (t_m - t_1), \text{ woraus: } c_f = \left(\frac{K}{t_m - t_1} - W\right) : G_f$$

Eine zweckmäßige Anwendung findet das Kalorifer zur empirischen Ermittlung des Wasserwertes von Kalorimetern inkl. Thermometer und Rührvorrichtung, der rechnerisch unbequem zu ermitteln sein würde.

Auf andere Weise kann die spezifische Wärme von Flüssigkeiten bestimmt werden, indem man eine bestimmte abgewogene Menge davon in einen Glaskolben füllt, diesen zuschmilzt und nach Erwärmung auf eine bestimmte Temperatur in ein Mischkalorimeter eintaucht. Die Wärmekapazität des Glaskolbens muß vorher ermittelt und in der Nachrechnung berücksichtigt werden.

Die spezifische Wärme der Gase bei konstantem Druck: c_p wird auch mit Hilfe der Mischungsmethode ermittelt. Fig. 27 zeigt eine schematische Skizze des von Wiedemann zu diesem Zwecke verwendeten Apparates. Ein bestimmtes Gasquantum wird zu Anfang des Versuches in einen Gummiballon A eingeschlossen, der dann eine Flasche ganz ausfüllt. Den Ballon preßt man mit konstantem Druck zusammen, indem man mittels einer (durch allmähliches Hochziehen der Mariotteschen Flasche R) konstant gehaltenen Wassersäule h einen Luftstrom von B nach A bläst. Der Gasstrom passiert zunächst eine mit Schwefelsäure beschickte Trockenflasche T, einen mit Glasperlen gefüllten Zylinder C, um die mitgerissene Schwefelsäure zurückzuhalten, und tritt dann in das Erwärmungsgefäß E ein. Dieses besteht aus einem Paraffinbad, in dem ein mit Kupferdrehspänen angefülltes Gefäß F liegt. Indem das Gas die engen Zwischenräume zwischen den Kupferspänen durchströmt, nimmt es die Temperatur t_1 des Bades vollkommen an. Das Gas strömt nun auf kürzestem Wege in das Kalorimetergefäß G ein, in dem es ebenfalls mit Kupfer- oder Silberspänen gefüllte Röhren durchströmt und dabei eine der Temperaturabnahme entsprechende Wärmemenge an das Kalorimeter abgibt. Aus dem Kalorimeter strömt das Gas ins Freie. Die Ausström-Temperatur t_2 wird gemessen.

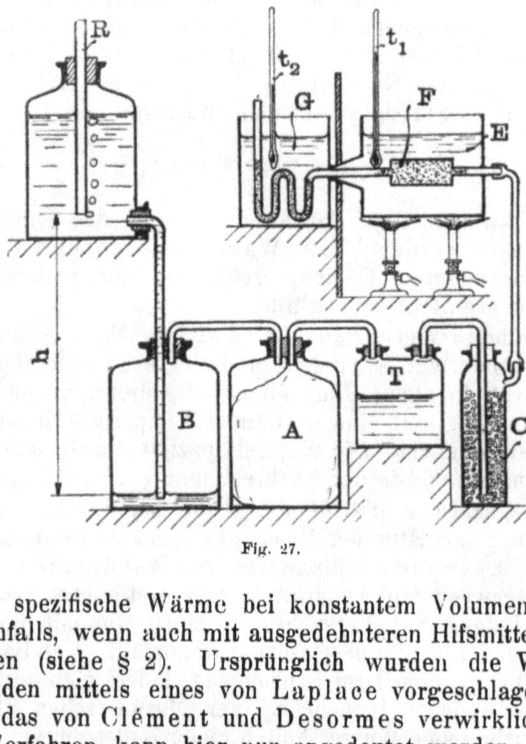

Fig. 27.

Die spezifische Wärme bei konstantem Volumen: c_v läßt sich ebenfalls, wenn auch mit ausgedehnteren Hifsmitteln, direkt bestimmen (siehe § 2). Ursprünglich wurden die Werte von c_v gefunden mittels eines von Laplace vorgeschlagenen Verfahrens, das von Clément und Desormes verwirklicht wurde. Dieses Verfahren kann hier nur angedeutet werden: Erwärmt man 1^{kg} Gas bei konstantem Druck, also ungehinderter Ausdehnung, um 1^0 C und preßt es dann auf das ursprüngliche Volumen zusammen, so ergibt sich eine weitere Erwärmung um x^0, im ganzen also um $1 + x^0$. Die spezifischen Wärmen verhalten sich nun umgekehrt wie die durch gleiche Wärmemengen hervorgerufenen Temperaturerhöhungen, d. h.:

$$\frac{c_p}{c_v} = \frac{1 + x}{1} = 1 + x.$$

Anstatt der Erwärmung x wird nun die bei der nachfolgenden Abkühlung auf Zimmertemperatur eintretende Druckverminderung gemessen und daraus x mit Hilfe des Gesetzes von Gay-Lussac (Gl. 10^{a}) berechnet.

Um die spezifische Wärme von Dämpfen zu bestimmen, müssen diese vor dem Eintritt in das Kalorimetergefäß sorgfältig getrocknet (bzw. überhitzt) sein. Sie dürfen im Kalorimeter nicht abgekühlt werden, da sie dann kondensieren und die Kondensationswärme abgeben würden. Man muß die Dämpfe also im Kalorimeter erhitzen. Das geschieht mittels einer Kupferrohrschlange, die in einem elektrisch geheizten Ölbad liegt. Die durch den durchströmenden Dampf dem Ölbad entzogene Wärmemenge wird aus der Temperaturabnahme des Kalorimeters berechnet. Die Temperaturen des Dampfes am Ein- und Austritt und das Gewicht des Kondensats, das durch nachträgliches Abkühlen des ausströmenden Dampfes mittels eines Oberflächenkondensators (Kap. VII § 2) gewonnen wird, gestatten dann die Berechnung von c_p. (Versuche von Knoblauch und Jacob, Z. d. V. Deutscher Ingenieure 1907 S. 83.)

In welcher Weise das Mischkalorimeter zur Bestimmung der Schmelzwärmen benutzt werden kann, geht aus folgendem Beispiel hervor:

Aufgabe 14. Ein Kalorimeter vom Wasserwert $W = 25^{gcal/o}$ enthalte $G_w = 312^g$ Wasser. Die Temperatur sei $t_1 = 14{,}6^0$. Nachdem ein Stückchen trockenes Eis von $Ge = 17^g$ Gewicht hineingeworfen wurde und das Eis unter Umrühren mittels des Thermometers vollkommen geschmolzen ist, habe sich das Kalorimeter samt Wasserinhalt auf $t_2 = 10{,}03^0$ abgekühlt. Wie berechnet sich aus diesen Daten die Schmelzwärme des Eises? — Die dem Kalorimeter entzogene Wärmemenge wurde nicht allein zum Schmelzen, sondern auch zur Erwärmung des Schmelzwassers von 0^0 auf die Mischtemperatur $10{,}03^0$ verbraucht. Es ergibt sich somit die Gleichung:

$$G_e{}^g \cdot x^{gcal/g} + G_e{}^g \cdot t_2{}^0 \cdot 1^{gcal/g \cdot o} = (W + G_w)^{gcal/o} \cdot (t_1 - t_2)^0$$

Daraus ergibt sich:

$$x^{gcal/g} = \frac{(25+312)\cdot(14{,}6 - 10{,}03) - 17\cdot 10{,}03}{17} = \sim 80^{gcal/g}$$

Auch zur Bestimmung von Verdampfungswärmen wird das Mischkalorimeter benutzt. Meist wird an ihrer Stelle die gleich

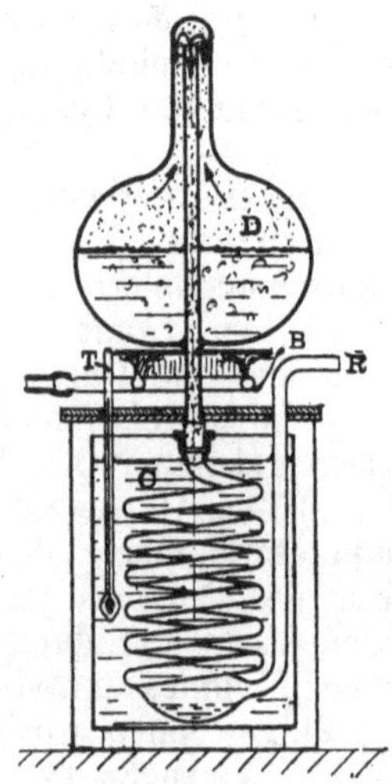

Fig. 28.

große Kondensationswärme gemessen. Ein zu diesem Zwecke geeigneter Apparat nach Berthelot ist in Fig. 28 skizziert. Der im Gefäß D entwickelte Dampf der zu untersuchenden Flüssigkeit, dessen Temperatur dem Luftdruck entspricht (s. Kap. VII § 1), wird in dem Schlangenrohr des Kalorimeters C zum Kondensieren gebracht und gibt hierbei seine Kondensationswärme ab. Das Kondensat gibt bei der weiteren Abkühlung auf die Mischtemperatur noch eine entsprechende Wärmemenge ab. Asbestplatten sind vorgesehen, um den Einfluß der Wärmestrahlung vom Brenner B aus zu vermeiden. (Über die Bestimmung von r bei höheren Drucken s. Kap. VII § 4.)

Aufgabe 15. Der Wasserwert des Kalorimeters sei $W = 49^{gcal/0}$, sein Wasserinhalt wiege $G_w = 472{,}3^{gcal/0}$, die Anfangstemperatur sei $t_a = 15{,}8^0$, die Endtemperatur $t_e = 30{,}62^0$. Die Messung des Kondensats (durch Wägung) ergibt $D = 12{,}7^g$. Wie groß ergibt sich hieraus die Verdampfungswärme?

$$D^g \cdot x^{gcal/g} + D^g \cdot (100 - t_e)^0 \cdot 1^{gcal/g \cdot 0} = (W + G_w)^{gcal/0} \cdot (t_e - t_a)^0$$

$$x = \frac{(49 + 472{,}3) \cdot (30{,}62 - 15{,}8) - 12{,}7 \cdot (100 - 30{,}62)}{12{,}7} = 539^{gcal/g}$$

Zur Bestimmung des Heizwertes (der Verbrennungswärme) fester Brennstoffe werden besonders konstruierte Kalorimeter verwandt, deren bekanntestes die Kröckersche Bombe ist. Der zu untersuchende Brennstoff, z. B. Steinkohle, wird gepulvert und zu einem Brikett gepreßt, dessen Gewicht man durch Wägung feststellt. In einer dickwandigen Stahlflasche, die mit Sauerstoff von etwa 15^{atm} gefüllt wurde, wird das Brikett mittels elektrischer Zündung zur vollkommenen Verbrennung gebracht, und die entstehende Wärme wird mittels eines mit Rührvorrichtung versehenen Wasserkolorimeters gemessen, in das man die Bombe vor der Zündung hineinstellte.

In Fig. 29 ist der ganze Apparat abgebildet. Die Stutzen A dienen zum Einblasen bzw. Durchblasen (um die Luft auszu-

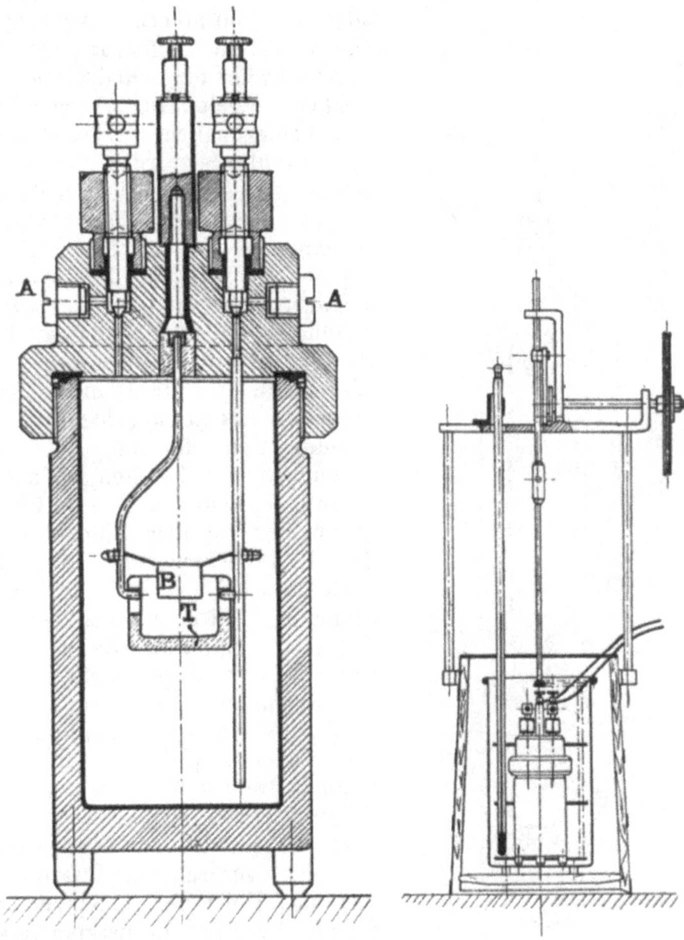

Fig. 29.

treiben) von Sauerstoff. Die eine der Ventilspindeln dient als Pol des elektrischen Zündanschlusses, für den andern Pol ist eine besondere isolierte Klemme vorgesehen. Das Brikett B preßt man um einen dünnen Eisendraht herum, den man zwischen die Pole hängt und der durch den Strom zum Glühen gebracht wird. Unter dem Brikett wird ein Platintiegel T angeordnet. Die Innenwände der Bombe sind emailliert oder mit Platinblech ausgekleidet. Die praktische Ausführung des Versuches bedarf einer Reihe von Vorsichtsmaßregeln zur Vermeidung von Fehlerquellen. Wärmeleitung und Strahlung werden durch Anwendung des Rumfordschen Kunstgriffs (s. oben!) möglichst verringert. In einem Vor- und einem Nachversuch stellt man den Wärmeaustausch gegenüber der Umgebung überdies fest. Besondere Berücksichtigung erfordern die Wärmeanteile, die durch Verbrennung des Eisendrahtes und die Kondensation des bei der Verbrennung entwickelten Wasserdampfes entstehen. Der Eisendraht, der vor dem Einpressen in das Brikett gewogen wird, entwickelt $1600^{gcal/g}$ bei der Verbrennung. Wird, wie bei dem vorliegenden Apparat, die Kondensationswärme des entwickelten Wasserdampfes mit gewonnen, so ermitteln wir durch den Versuch den „oberen Heizwert" für ein Gramm Brennstoff. In den meisten Fällen der Praxis entweicht nun aber der entwickelte Wasserdampf mit den verbrannten Gasen aus aus dem Heizraum, indem er die latente Verdampfungswärme (etwa $600^{gcal/g}$ bei 39^{0} Anfangstemperatur) mit sich hinwegnimmt. Zur Ermittlung des „unteren Heizwertes" muß also die in der Kalorimeterbombe niedergeschlagene Wassermenge ermittelt und ihr Gewicht $^{g} \times 600^{gcal/g}$ von der gesamten dem Kalorimeter zugeführten Wärmemenge abgezogen werden. Diese

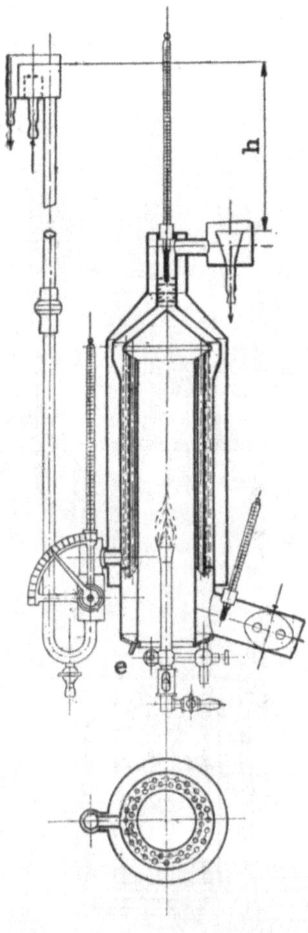

Fig. 30.

Wassermenge wird durch einen Nachversuch bestimmt, indem man trockene Luft durch die im Ölbad erhitzte Bombe hindurchbläst; beim Verlassen der Bombe wird die Luft durch eine mit Chlorkalcium beschickte Trockenröhre geführt, deren Gewichtszunahme unmittelbar das Wassergewicht ergibt. Nähere Anleitung zur Anstellung der nicht einfachen Versuche wird in Spezialwerken gegeben. Hier soll ein in der Praxis gewonnenes Resultat zahlenmäßig wiedergegeben werden.

Aufgabe 16. Gewicht des Briketts (Steinkohle) mit Eisendraht $G = 1{,}082^g$, des Eisendrahts allein $G_e = 0{,}017^g$, somit Gewicht der verbrannten Kohle: $G_k = 1{,}065^g$ Wasserwert des Kalorimeters inkl. Bombe (durch Versuch mittels Brennstoffes von bekanntem Heizwert ermittelt) $W = 367^{gcal/o}$, Gewicht des Wasserinhalts: $G_w = 2075^g$. Anfangstemperatur: $16{,}573^0$. Bei einem Vorversuch strahlten $0{,}01^{o/min}$ ein, bei einem Nachversuch $0{,}006^{o/min}$ aus, also dürften während des 7^{min} währenden Hauptversuchs (solange das Thermometer nach der Zündung steigt) zugestrahlt bzw. ausgestrahlt sein:

$$7^{min} \cdot (+\,0{,}01 - 0{,}006)^{o/min} : 2 = +\,0{,}014^0.$$

Diese Temperaturzunahme ist von der abgelesenen Endtemperatur: $t_e = 19{,}485^0$ abzuziehen, somit wahre Endtemperatur: $19{,}485 - 0{,}014 = 19{,}471^0 = t_e$. Mit diesen Daten erhält Gl. 17 die Form:

$$G_k{}^g \cdot x^{gcal/g} + G_e{}^g \cdot 1600^{gcal/g} = (W + G_w)^{gcal/o} \cdot (t_e - t_a)^0 \text{ woraus:}$$

$$x^{gcal/g} = \frac{(367 + 2075) \cdot (19{,}471 - 16{,}573) - 0{,}017 \cdot 1600}{1{,}065}$$

$$= \mathbf{6619{,}2}^{gcal/g}$$

Von diesem oberen Heizwert ist die Kondensationswärme des in der Bombe nach dem Versuch vorgefundenen Wassers mit $600^{gcal/g}$ abzuziehen. Diese Wassermenge ergab sich zu $0{,}648^g$ insgesamt, also $0{,}648 : 1{,}065 = 0{,}608^g$ pro Gramm verbrannter Kohle. Somit unterer Heizwert:

$$6619{,}2 - 600 \cdot 0{,}608 = \mathbf{6254{,}4}^{gcal/g}$$

Auf die Berücksichtigung der bei der Verbrennung entstehenden Säuren und des im Sauerstoff enthaltenen Wasserdampfes kann hier nicht eingegangen werden.

Auch das Junkerssche Kalorimeter (Fig. 30), das zur Bestimmung von Heizwerten gasförmiger und flüssiger Brennstoffe dient, beruht auf der Mischungsmethode. Dieses Instrument weicht nur insofern von den bisher beschriebenen ab, als das Kalorimeterwasser während der Erwärmung hindurchströmt und so einen Beharrungszustand mit annähernd konstanter Endtemperatur erreicht.

Gasförmige Brennstoffe werden durch eine Gasuhr gemessen und in einem Bunsenbrenner unter genügendem Luftzuschuß vollkommen verbrannt. Der Wasserstrom wird mit der durch Überlaufvorrichtungen konstant erhaltenen Druckhöhe h um ein System von senkrecht stehenden Rohrbündeln herumgeführt, während die Heizgase die Röhren in entgegengesetzter Richtung durchstreichen (Gegenstromprinzip). Die Eintritts- und Austrittstemperaturen des Wassers werden abgelesen, und die Menge des durchgeflossenen Wassers wird gewogen. Die Austrittstemperatur der Heizgase muß annähernd gleich der Zimmertemperatur sein. Das durch die Verbrennung des Gases erzeugte Kondenswasser wird bei e abgeführt und ebenfalls gewogen. Der Rechnungsvorgang geht aus folgendem Beispiel hervor:

Aufgabe 17. Während des Versuches, den wir nach Eintritt des Beharrungszustandes in den Temperaturen beginnen lassen, werde $V = 0{,}01^{cbm}$ Leuchtgas verbraucht. Gleichzeitig fließe $G_w = 2{,}57^{kg}$ Wasser hindurch. Die Eintrittstemperatur des Wassers sei $t_e = 15{,}7\,^0$, die Austrittstemperatur (Mittelwert) $t_a = 35{,}01\,^0$. Das aufgefangene Kondenswasser wiege $G_k = 0{,}0092^{kg}$. Wie groß ist der obere und der untere Heizwert des verwendeten Gases? Der obere Heizwert x ergibt sich aus der Beziehung:

$$V^{cbm} \cdot x^{gcal/cbm} = G_w{}^{g} \cdot 1^{gcal/g\cdot 0} \cdot (t_a - t_e)^0$$

Daraus:

$$x^{gcal/cbm} = \frac{2{,}57 \cdot (35{,}01 - 15{,}7)}{0{,}01} = \mathbf{4962{,}7}^{gcal/cbm} = \text{ob. Heizwert}$$

Um den unteren Heizwert zu finden, müssen wir abziehen:

$$600^{gcal/g} \cdot \frac{0{,}0092^{g}}{0{,}01^{cbm}} = 552^{gcal/cbm}$$

Somit unterer Heizwert: $4962{,}7 - 552 = \mathbf{4410{,}7}^{gcal/cbm}$.

Der Wasserwert des Kalorimetergefäßes spielt in dieser Rechnung keine Rolle, da ja während des Versuches (im Beharrungszustand) keine Temperaturerhöhung oder -erniedrigung stattfindet.

Um den Heizwert flüssiger Brennstoffe zu bestimmen, ersetzt man den Gasbrenner in Fig. 30 durch einen für den zu untersuchenden Brennstoff besonders konstruierten Brenner B, den man zwecks Messung des während des Versuchs verbrauchten Brennstoffgewichts an eine Wage hängt (Fig. 31). Nach Ein-

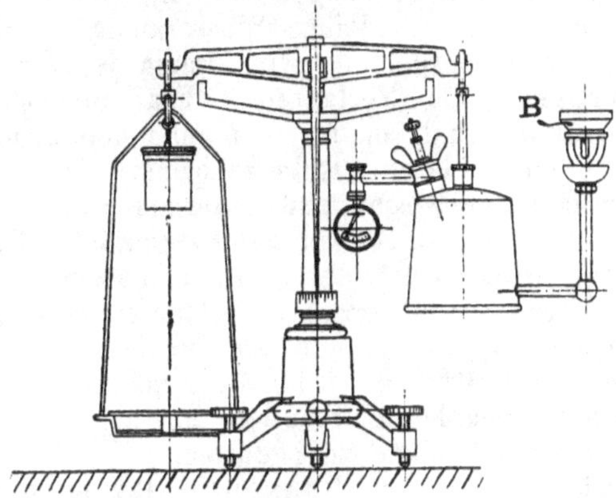

Fig. 31.

tritt des Beharrungszustandes beginnt man das Kalorimeterwasser aufzufangen, wenn die Zunge der Wage beim Abnehmen des Brennstoffgewichts durch 0 geht. Dann nimmt man ein bestimmtes Gewicht von der linken Wageschale und bricht den Versuch ab, wenn die Zunge zum zweiten Male durch 0 geht. Auch hier muß das Kondenswasser des Brennstoffs zwecks Ermittelung des unteren Heizwertes berücksichtigt werden. — Über die Messung von Wärmemengen, die durch Vernichtung anderer Energieformen entstehen, s. Kap. VI § 1.

§ 2. Eiskalorimeter, Dampfkalorimeter. Die Kenntnis der Schmelzwärme des Eises wird im Eiskalorimeter von Lavoisier benutzt, um die spezifische Wärme fester Körper zu bestimmen und auch um hohe Temperaturen zu messen. Da das Instrument für genauere Messungen nicht geeignet ist und eine große Menge Eis verlangt, wird es praktisch kaum verwendet, und seine Wirkungsweise braucht hier nur kurz angedeutet zu werden. In einen mit trockenen Eisstückchen angefüllten Raum bringt man den zu untersuchenden Körper hinein. Die von diesem abgegebene Wärmemenge wird zum

Schmelzen eines bestimmten Eisgewichtes verwandt, das man durch Auswägen des ausfließenden Schmelzwassers bestimmt. Gewicht des Schmelzwassers $^{g} \cdot 80^{gcal/g}$ ergibt die zugeführte Wärmemenge ^{gcal}. Gegen Eindringen äußerer Wärme schützt ein mit Eisstückchen ausgefüllter Mantelraum. Die Annahme, daß bei den beiden Entleerungen vor und nach dem Hineinwerfen des Probekörpers gleiche Wassermengen zwischen den Eisstückchen hängen bleiben, wird kaum je zutreffen, daher die Ungenauigkeit des Verfahrens. Ein mindestens gleichwertiges Resultat erhält man, wenn man den Probekörper in eine Höhlung eines klaren Eisblocks bringt, die man vor dem Versuch trocken auswischt und während des Versuchs mit einem dicht schließenden Deckel aus Eis versieht. Die erforderliche Höhlung wird vorher durch Ausschmelzen erzeugt. Das durch die Wärmeabgabe erzeugte Schmelzwasser wird durch einen Schwamm aufgesaugt und als dessen Gewichtszunahme G^{g} gewogen. $G^{g} \cdot 80^{gcal/g}$ ist wieder die zugeführte Wärmemenge. Diese Methode (nach Müller-Pouillet) hat den Vorzug, keines Apparates außer der Wage zu bedürfen.

Das Eiskalorimeter von Bunsen beruht auf der Volumenverkleinerung beim Schmelzen des Eises. Es liefert sehr genaue Resultate und wird zu exakten Bestimmungen von spezifischen Wärmen fester und flüssiger Stoffe, von Lösungs- und Kristallisationswärmen usw. viel benutzt. Ein Glaskolben K, der nach Form und Größe einem Probierrohr ähnlich sieht (Fig. 32), ist von einem mit luftfreiem Wasser angefüllten Mantelraum umgeben. In dessen unterem Teile schließt sich eine Quecksilbersäule an, die in eine mit Millimeterteilung versehene Kapillare R ausläuft. Bringen wir in einem Probierröhrchen eine Kältemischung (Kap. IV § 2) in den Kolben hinein, so bildet sich um diesen herum eine Eiskruste. Die dabei auftretende Volumenvergrößerung bewirkt, daß der Quecksilberfaden in der Kapillare nach dem Ende zu voranschreitet. Das

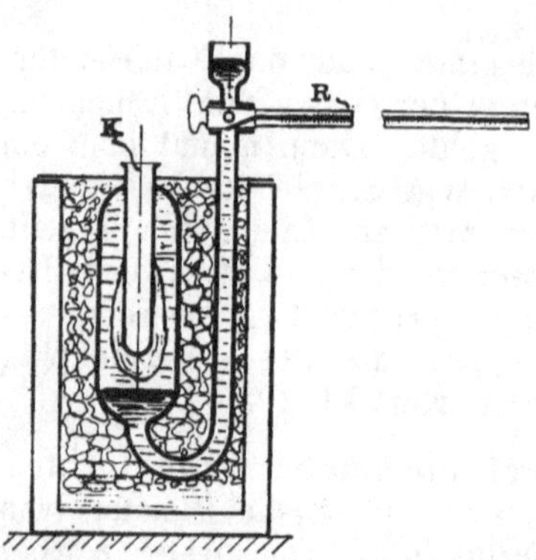

Fig. 32.

so vorbereitete Instrument wird nun mit einem Schutzmantel aus reinen Eisstückchen umgeben, um äußere Wärmezuleitung möglichst abzuhalten, und wird dann einem Eichversuch unterworfen, über den das folgende Zahlenbeispiel nähere Auskunft gibt. Wir beobachten zunächst etwa eine Viertelstunde lang den „toten Gang" des Instruments, d. i. der Rückgang des Quecksilberfadens in der Kapillare infolge der von oben her in den Glaskolben eingeleiteten Umgebungswärme und stellen z. B. fest: 1^{mm} Rückgang in 143^{sec}. Nun führen wir eine abgewogene Menge, z. B. 12^{g}, Quecksilber von 100^{0} C (in einem Dampfbad erhitzt, s. Fig. 25) und der spezifischen Wärme $c = 0{,}033^{gcal/g}$ in den Kolben ein und beobachten, daß im Verlauf von 130^{sec} ein schneller Rückgang des Fadens um 160^{mm} erfolgt. Die zugeführte Wärme beträgt:

$$12^{g} \cdot 100^{0} \cdot 0{,}033^{gcal/g\cdot o} = 39{,}6^{gcal}$$

Der auf die 130^{sec} Beobachtungszeit bezogene tote Gang beträgt: $130:143 = \sim 0{,}9^{mm}$. Also ist durch die Wärme des eingeführten Quecksilbers allein ein Rückgang des Fadens bewirkt von: $160 - 0{,}9 = 159{,}1^{mm}$. Somit bewirkt die Zuführung von 1^{gcal} einen Rückgang: $159{,}1 : 39{,}6 = \mathbf{4{,}02}^{mm/gcal}$. Nach dieser empirischen Ermittlung kann das Instrument zur Messung weiterer Wärmemengen zwecks Bestimmung spezifischer Wärmen usw. benutzt werden wie folgt:

Aufgabe 18. Durch Einführen von $0{,}946^{g}$ Glyzerin von 100^{0} wird ein Rückgang des Fadens von 223^{mm} in 322^{sec} bewirkt. Der tote Gang ist $322:143 = 2{,}25^{mm}$. Zu berechnen sind also $223 - 2{,}25 = 220{,}75^{mm}$ Rückgang. Wie groß ist die spezifische Wärme $x^{gcal/g}$ des Glyzerins?

$$x^{gcal/g\cdot o} \cdot 100^{0} \cdot 0{,}946^{g} = \frac{220{,}75^{mm}}{4{,}02^{mm/gcal}}; \quad x = \mathbf{0{,}58}^{gcal/g\cdot o}$$

Bei der Bewertung der Zeitdauer des Hauptversuchs (360^{sec} im vorliegenden Beispiel) ist man auf Schätzung angewiesen, da mit fortschreitender Abkühlung des Versuchsstoffes der Fadenrückgang langsamer wird. Ein Nachversuch (Feststellung des toten Ganges) ist daher erforderlich.

Ist der Quecksilberfaden dem inneren Ende der Kapillare nahegekommen, so wird mit Hilfe des Wechselhahns neues Quecksilber in die Kapillare eingeführt. Der Stand des Quecksilbers im Trichter über dem Wechselhahn gestattet die Beurteilung, ob für weitere Versuche noch eine genügend dicke

Eiskruste um den Kolben zur Verfügung steht. Bei einer Abänderung des Apparates läßt man die nach unten umgebogene Kapillare in einen Napf mit Quecksilber eintauchen, dessen Gewichtsänderung man ständig verfolgt.

Im Dampfkalorimeter wird die Kenntnis der latenten Verdampfungswärme des Wassers zur Messung von Wärmemengen benutzt. Es besteht also eine Analogie gegenüber dem Eiskalorimeter von Lavoisier. Das Verfahren hat einige Bedeutung erlangt zur direkten Bestimmung der spezifischen Wärme von Gasen bei konstantem Volumen. Zwei ganz gleiche kupferne Hohlkugeln, von denen die eine ein gemessenes Gewicht des zu untersuchenden Gases enthält und die andere luftleer gepumpt ist, werden an den beiden Armen einer Hebelwage hängend in einen Raum gebracht, der Wasserdampf von 100^0 (760^{mm} Druck) enthält. Die zur Erwärmung der Kugeln (und auf der einen Seite des Gasgewichts) auf 100^0 erforderliche Wärme wird aus der Kondensationswärme des Wassergewichts bestritten, das sich auf den Kugeln niederschlägt. Der dabei sich ergebende Gewichtsunterschied G^g gestattet die Berechnung der zur Erwärmung des Gasgewichts erforderlichen Wärmemenge: $G^g \cdot 539{,}1^{gcal/g}$. — Ein dem Verfahren des Bunsenschen Eiskalorimeters analoger Versuch, die Volumenänderung des Wassers beim Verdampfen zur Messung von Wärmemengen nutzbar zu machen, hat praktisch keine Bedeutung erlangt.

§ 3. Andere Verfahren der Kalorimetrie. 1.) Das Strahlungskalorimeter von Dulong und Petit beruht auf der Annahme, daß die versilberte Oberfläche eines Gefäßes bei gleichem Temperaturunterschied gegenüber der Umgebung, von der es durch einen luftleeren Raum getrennt ist, durch diesen Raum hindurch in gleichen Zeiten gleiche Wärmemengen ausstrahlt. Man bringt ein gewogenes Gewicht der zu untersuchenden Flüssigkeit (für solche wird das Instrument hauptsächlich benutzt) mit etwa 90^0 C in das Gefäß hinein, beobachtet die Temperaturabnahme mittels eines aus dem Gefäße herausragenden Thermometers und mißt die Zeit, die während des Abfalls etwa von 80^0 auf 70^0 vergeht. Diese Zeit ist offenbar um so länger, je größer die spezifische Wärme der Flüssigkeit ist. Hat man durch einen Eichversuch die zur Ausstrahlung einer ^{gcal} in dem angenommenen Temperaturintervall erforderliche Zeit empirisch bestimmt, so kann das Instrument zu weiteren Versuchen benutzt werden. Da die Resultate nicht so genau werden wie z. B. mittels des Bunsenschen Eiskalorimeters, so wird das Strahlungskalorimeter seltener benutzt. Ein Rechnungsbeispiel braucht daher hier nicht gegeben zu werden.

2.) Die Volumenzunahme eines bestimmten Quecksilbergewichts bei seiner Erwärmung wird im Kalorimeter von Favre und Silbermann zur Messung von Wärmemengen benutzt. Das Instrument gibt ungenaue Resultate und hat praktisch keine Bedeutung mehr.

3.) Beim elektrischen Kalorimeter von Pfaundler vergleicht man die Erwärmung, die in zwei gleichen Kalorimetergefäßen erzeugt wird, wenn in ihnen liegende gleich lange Leitungsdrähte von gleichem Material von dem gleichen elektrischen Strom durchflossen werden. Enthält das eine Gefäß die zu untersuchende Flüssigkeit, das andere ein gleiches Gewicht Wasser, so verhalten sich die Temperaturzunahmen umgekehrt wie die spezifischen Wärmen. (Der Wasserwert der Gefäße ist zu berücksichtigen!) Stromstärke und Spannung brauchen bei diesem Verfahren nicht selbst bekannt zu sein. Zwecks Untersuchung eines festen Körpers bringt man diesen in eines der beiden, mit gleichen Wassermengen beschickten Kalorimetergefäße. Der Apparat vermeidet die Verlustfehler, die beim Überführen des Probekörpers aus dem Erwärmungsgefäß in ein gewöhnliches Mischkalorimeter entstehen. — Andere elektrische Kalorimeter hat man erdacht, bei deren Benutzung die Kenntnis der Beziehungen zwischen Stromstärke, Widerstand und erzeugter Wärme vorausgesetzt wird, ferner solche, durch die diese Beziehungen selbst ermittelt werden. Ihre Behandlung muß hier unterbleiben!

VI. Kapitel.

Wärme und Arbeit.

Wir haben uns daran gewöhnt, Wärme als eine Form von Energie aufzufassen, die wir aus äquivalenten Energiemengen anderer Form gewinnen und in solche zurückverwandeln können.

Bis etwa zur Mitte des vorigen Jahrhunderts hatte man dieses Grundgesetz nicht klar erkannt. Aus der richtigen Beobachtung, daß in der Dampfmaschine durch Aufwand von Wärme mechanische Arbeit erzeugt wird, während die Temperatur des arbeitenden Dampfes von einem höheren auf ein niederes Niveau sinkt, leitete man die falsche Vorstellung ab, die gewonnene Arbeit sei als Produkt aus Wärmemenge und Temperaturgefälle aufzufassen, indem man auf die Analogie hinwies: $\text{Wassergewicht}^{kg} \cdot \text{Gefälle}^{m} = \text{Arbeit}^{kg \cdot m}$. Nach dieser Analogie käme der Wärme die Dimension: ^{kg} zu. Der Heilbronner Arzt Robert Mayer erkannte zuerst, daß diese Auffassung irrig sei. Er zeigte, daß Wärme für sich allein schon den Wert einer Energie habe; daß ihr also (nach unserer Ausdrucksweise) nicht die Dimension ^{kg}, sondern ^{mkg} zukomme.

§ 1. Das mechanische Wärmeäquivalent. R. Mayer gelangte als erster zu einer zahlenmäßigen Beziehung zwischen den beiden Energieformen: Wärme und mechanische Arbeit und zwar auf theoretischem Wege. Von der Tatsache ausgehend, daß die spezifische Wärme c_p der Gase bei konstantem Druck (also bei ungehinderter Raumausdehnung) stets größer ist als die bei konstantem Volumen, c_v, erkannte er, daß dieses Mehr an Wärme nur zu der bei der Raumausdehnung zu leistenden äußeren mechanischen Arbeit verwandt sein könne. Denken wir uns 1^{kg} eines Gases von $t = 0$ oder $T = 237^0$ und Normaldruck $p = 10333^{kg/qm}$ in einem prismatischen Raum von 1^{qm} Querschnitt durch einen reibungslosen Kolben abgesperrt

Fig. 33. Das abgesperrte Volumen wird dann sein: (Mech. Gl. 4c) $V_o^{cbm} = \frac{1^{kg}}{\gamma^{kg/cbm}}$, somit die Höhe des abgesperrten Prismas: V_o^{m}. Erwärmen wir nun dieses 1^{kg} Gas bei konstantem Druck um 1^0, führen wir also $c_p^{\ Cal}$ zu, so dehnt es sich aus um $\frac{V_o^{cbm/o}}{273}$, d. h.: der Kolben wird um $\frac{V_o^{m/o}}{273}$ vorangeschoben. Dieser Weg muß unter Überwindung des auf dem Kolben lastenden Druckes p_o, also der auf diesen einwirkenden Kraft: $p_o^{kg/qm} \cdot 1^{qm}$ zurückgelegt werden; es ist also die Arbeit zu leisten:

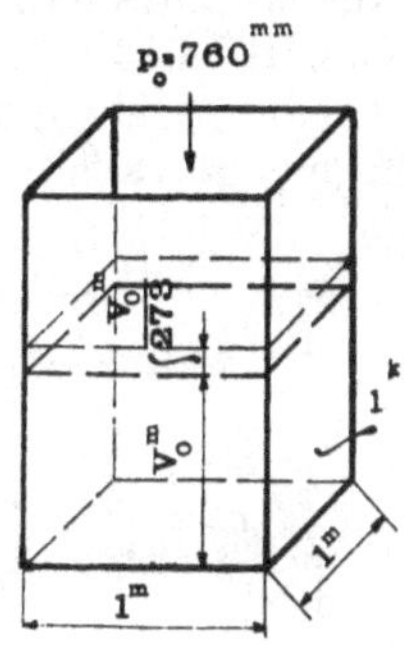

Fig. 33.

$$\frac{V_o^{m/o} \cdot p_o^{\ kg}}{273} = 1^{kg} \cdot R^{m/o} \text{ (Gl. } 13^b\text{)}.$$

Diese für 1^{kg} Gas und 1^0 Temperaturerhöhung aufzuwendende Arbeit muß der Wärmemenge: $(c_p - c_v)^{\ Cal/kg \cdot o}$ äquivalent sein. Wir erhalten also, indem wir den Reduktionsfaktor: $A^{Cal/mkg}$ einführen:

$$1^{kg} \cdot R^{m/o} \cdot A^{Cal/mkg} = (c_p - c_v)^{\ Cal/kg \cdot o} \cdot 1^{kg}; \quad \ldots\ldots\ldots\ldots \text{ Gl. } 19^a$$

$$A = \frac{c_p - c_v}{R} \quad \ldots\ldots\ldots\ldots\ldots\ldots\ldots\ldots\ldots\ldots \text{ Gl. } 19^b$$

Für trockene Luft ergibt sich mit $R = 29{,}27$, $c_p = 0{,}238$, $c_v = 0{,}169$:

$$A = \frac{0{,}238 - 0{,}169}{29{,}27} = \sim \frac{1}{424}^{\ Cal/mkg} \quad \ldots\ldots\ldots\ldots\ldots\ldots \text{ Gl. } 20^a$$

Die Größe A heißt das mechanische Äquivalent der Wärme. Als genauerer Wert gilt heute:

$$A = \frac{1}{427}^{\ Cal/mkg} = \frac{1}{4188{,}87}^{\ Cal/Joule} \quad \ldots\ldots\ldots\ldots\ldots\ldots \text{ Gl. } 20^b$$

R. Mayer erhielt auf Grund unrichtiger Daten einen größeren Wert von A. Das Gesetz der in Gl. 20^b zahlenmäßig angegebenen Äquivalenz von Wärme und Arbeit wird als I. Hauptsatz der mechanischen Wärmetheorie bezeichnet. Aus Gl. 19 ergibt sich die Bedeutung des Wertes R, wenn wir dessen Dimension schreiben: $R^{mkg/kg \cdot o}$: Die Gaskonstante R bezeichnet die Ausdehnungsarbeit eines ^{kg} Gas für ein Grad Temperaturzunahme. Aus Gl. 13^b folgt dann: Die Arbeitsfähigkeit eines Gasgewichts ist seiner absoluten Temperatur proportional! Im absoluten Nullpunkt ist die Energie = 0. (Kap. III § 3.)

Die erste experimentelle Ermittlung des mechanischen Wärmeäquivalents gelang dem Ingenieur Hirn in Kolmar. Das Prinzip seines Versuchs geht aus Fig. 34 hervor. Vor dem rechten Stirnende des an Schnüren hängenden Sandsteinblocks A von G_1^{kg} Gewicht befindet sich leicht entfernbar der ausgehöhlte Bleiklotz B. Der ebenfalls an Schnüren hängende schmiedeeiserne Hammer C von G_2^{kg} Gewicht prallt auf den Bleiklotz, nachdem er um die senkrecht gemessene Höhe H^m herabgesunken ist.

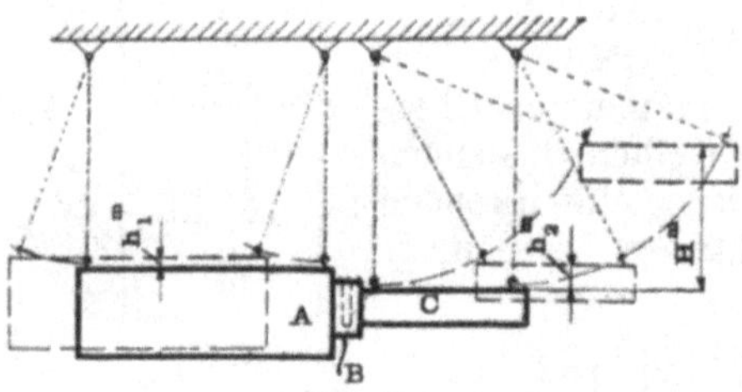

Fig. 34.

Von der aufgewendeten Arbeit $G_2^{kg} \cdot H^m$ wird ein Teil in Erwärmung von B verwandelt (unter gleichzeitiger bleibender Formänderung ohne Änderung des Volumens), zwei weitere Teile erscheinen wieder in den Hubarbeiten: $G_1^{kg} \cdot h_1^m$ und $G_2^{kg} \cdot h_2^m$ von Amboß und Hammer nach dem ersten (und einzigen) Stoß. Die erzeugte Wärmemenge ergibt sich aus der Temperaturerhöhung eines unmittelbar nach dem Stoß in B gegossenen Wassergewichtes nach der Mischungsmethode.

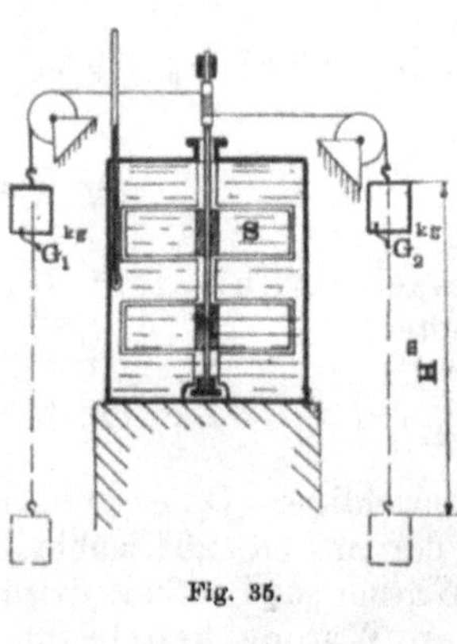

Fig. 35.

Die genauesten Resultate ergaben sich aus den Versuchen des englischen Ingenieurs Joule, dessen Apparat aus Fig. 35 zu erkennen ist. Das mit Quecksilber oder Wasser gefüllte Kalorimetergefäß bildet eine hydraulische Bremse für die gußeisernen Schaufelräder S, die von herabsinkenden Gewichten gedreht werden. Die mechanische Arbeit: $(G_1 + G_2)^{kg} \cdot H^m$ ist der erzeugten Wärmemenge äquivalent, die mittels des Kalorimeters bestimmt wird. Joule fand so: $A = \frac{1^{Cal/mkg}}{424,15}$.

Ein weniger genauer aber anschaulicher Versuch ergibt sich mit dem Schulapparat von Puluj (Fig. 36). Das Kalorimeter A besteht aus zwei konisch ineinander geschliffenen Stahlgefäßen, deren inneres Quecksilber enthält, in das das Thermometer T hineintaucht. Der äußere Stahlkegel wird mit Hilfe der Schwungmaschine rasch gedreht. Ein Räderwerk mit Schneckenübersetzung zählt die Umdrehungen. Der innere Kegel

Fig. 36.

wird durch einen Hebel H festgehalten, an dessen Ende eine gewichtsbelastete Schnur angreift. Die Einrichtung ist also dieselbe wie beim Pronyschen Bremszaum (Mech. Fig. 106). Der äußere Stahlkegel vertritt die Bremsscheibe, der innere mit dem Hebel das Bremsjoch. Bei der Drehung entsteht Wärme durch Reibung zwischen den Kegeln, die mittels des Kalorimeters gemessen wird. Ein Versuch ergab z. B. folgende Daten: Gewicht der beiden Stahlkegel: $93,72^g$, der Quecksilberfüllung: $136,2^g$. Also Wärmekapazität (Thermometerwert vernachlässigt): $93,72^g \cdot 0,114^{gcal/g \cdot o} + 136,2^g \cdot 0,033^{gcal/g \cdot o} = 15,17^{gcal/o}$

$= 0{,}01517^{Cal/o} = W$. Anfangstemperatur: $t_1 = 20^0$, Endtemperatur: $t_2 = 27^0$, Umdrehungszahl: $1040 = n$, Gewicht am Hebelarm: $G = 0{,}05^{kg}$. Hebellänge (senkrecht zur Kraftrichtung gemessen): $r = 0{,}14^m$. Mit diesen Werten folgt aus:

$$W^{Cal/o} \cdot (t_2 - t_1)^0 = A^{Cal/mkg} \cdot n \cdot r^m \cdot 2 \cdot \pi \cdot G^{kg}:$$

$$A^{Cal/mkg} = \frac{0{,}01517 \cdot (27 - 20)}{1040 \cdot 0{,}14 \cdot 2 \cdot \pi \cdot 0{,}05} = \frac{1}{\mathbf{432}}^{Cal/mkg}$$

Die während des Versuchs nach außen abgeleitete Wärme ist verloren gegangen, daher erhalten wir ein zu kleines Resultat.

Bei den vorstehend angedeuteten Versuchen wird mechanische Arbeit aufgewandt, um Wärme zu erzeugen. Die umgekehrte Aufgabe: Erzeugung mechanischer Arbeit durch Aufwand von Wärme, ist für die technischen Anwendungen des ersten Hauptsatzes der mechanischen Wärmetheorie von weit größerer Bedeutung. Denken wir uns eine Wärmekraftmaschine, etwa eine Dampfmaschine mit Kessel, die vollkommen ohne Verluste an Wärme und Reibung arbeitet und rechnen wir aus, wieviel Cal/PS-Stunde eine solche Maschine, die praktisch nicht möglich ist, verbrauchen würde:

$$\frac{1}{427}^{Cal/mkg} \cdot 75^{\frac{mkg/sec}{PS}} \cdot 3600^{sec/Stde} = 632^{Cal/PS \cdot Stde}$$

Bezeichnen wir mit $B^{kg/PS \cdot Stde}$ den wahren Brennstoffverbrauch der Maschine, mit $H^{Cal/kg}$ den Heizwert des Brennstoffs (Kap. V § 1) und mit η den w i r t s c h a f t l i c h e n W i r k u n g s g r a d der Wärmekraftmaschine, so ergibt sich:

$$\eta = \frac{632^{Cal/PS \cdot Stde}}{B^{kg/PS \cdot Stde} \cdot H^{Cal/kg}} \quad \ldots\ldots\ldots\ldots \quad Gl.\ 21$$

A u f g a b e 19. Eine Dampflokomobile leiste 35^{PS} und verbrauche stündlich $39{,}6^{kg}$ Kohle von $H = 7000^{Cal/kg}$ Heizwert. Wie groß ist der wirtschaftliche Wirkungsgrad der Anlage? — Der Brennstoffverbrauch pro PS. und Stunde ist:

$$B^{kg/PS \cdot Stde} = \frac{39{,}6^{kg/Stde}}{35^{PS}} = 1{,}13^{kg/PS \cdot Stde}$$

Damit Gl. 21:

$$\eta = \frac{632}{1{,}13 \cdot 7000} = \sim \mathbf{0{,}08} = \mathbf{8\,\%}$$

Aufgabe 20. Wieviel Leuchtgas $^{cbm/Stde}$ von $5000^{Cal/cbm}$ Heizwert wird eine Gasmaschine von 8^{PS} verbrauchen, wenn wir mit einem wirtschaftlichen Wirkungsgrad von 25 % rechnen können? — Gl. 21 schreibt sich hier:

$$0{,}25 = \frac{632^{Cal/PS\,.\,Stde}\,.\,8^{PS}}{B^{cbm/Stde}\,.\,5000^{Cal/cbm}}$$

Daraus:

$$B = \frac{632 \cdot 8}{0{,}25 \cdot 5000} = \sim 4^{cbm/Stde}$$

Der durch Gl. 21 definierte wirtschaftliche Wirkungsgrad ist nicht zu verwechseln mit dem thermischen Wirkungsgrad, dessen Bedeutung aus § 3 hervorgeht.

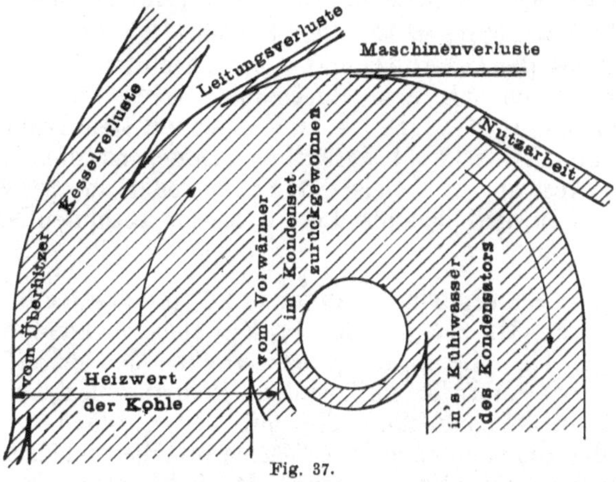

Fig. 37.

Welcher Art die Verluste sind, die den wirtschaftlichen Wirkungsgrad einer Dampfmaschinenanlage bedingen, geht am besten aus dem Wärmebilanz-Schaubild Fig. 37 hervor. Aus der Breite der abzweigenden Flächenstreifen läßt sich das Verhältnis der verschiedenen Wärmemengen abmessen.

Hier sollen noch einige Heizwerte (Mittelwerte nach Hütte) angegeben werden.

Ruhrkohlen	7650 Cal/kg	Braunkohlenbriketts .	4800 Cal/kg
Braunkohlen	7100 „	Gaskoks	7000 „
Torf	3800 „	Anthrazit	7975 „
Steinkohlenbriketts . .	7750 „		

	Heizwert	
	oberer $^{Cal/kg}$	unterer $^{Cal/kg}$
Spiritus 95 %	6740	6000
Benzin	10500÷11000	9800÷10200
Petroleum	10500÷11000	9800÷10200
15 ° C und 1 ^{atm}:	Cal/cbm	Cal/cbm
Leuchtgas	5135	4590
Generatorgas	1175	1095
Gichtgas	896	883

Vorbemerkung zu den folgenden Paragraphen und Kapiteln. Alle Betrachtungen sind durchgeführt für 1^{kg} des betrachteten Stoffes (Gas oder Dampf). Die absoluten Volumina sind stets angegeben mit dem Buchstaben V^{cbm}, die spezifischen Volumina mit $v^{cbm/kg}$. Drucke sind stets mit dem Buchstaben p bezeichnet. Es ist wohl darauf zu achten, ob die Dimension des Druckes angegeben ist in $p^{kg/qcm}$ oder in $p^{kg/qm}$. Die Temperaturen sind stets absolute, d. h. vom absoluten Nullpunkt — 273 ° C an gerechnet.

§ 2. Zustandsänderungen und mechanische Arbeit. Die im Kap. III § 3 entwickelte Zustandsgleichung der Gase (Gl. $13^{a,b}$) legt die Beziehungen zwischen den drei Zustandsgrößen p, v und T vollkommen eindeutig fest, sagt aber zunächst nichts aus über die mit den Zustandsänderungen erfolgenden Umwandlungen von Wärme in Arbeit und umgekehrt. Um hierüber ein Bild zu gewinnen, betrachten wir folgende 5 Fälle:

1. p = konst. Die Zustandsgleichung für diesen Fall ist gegeben durch die erste Form des Gesetzes von Gay-Lussac (Gl. 9^b) die wir auch schreiben können:

$$(V_2 - V_1)^{cbm} = V_0{}^{cbm} \cdot \frac{T_2 - T_1{}^0}{273}.$$

Multiplizieren wir beide Seiten der Gleichung mit $p^{kg/qm}$ = konst., so ergibt sich die Arbeit:

$$L^{mkg} = \frac{Q^{Cal}}{A^{Cal/mkg}} = (V_2 - V_1)^{cbm} \cdot p^{kg/qm} = V_0 \cdot p \cdot \frac{T_2 - T_1}{273} \quad \ldots \quad Gl.\ 22$$

Mit $p = 10333^{kg/qm}$ und $T_2 - T_1 = 1^0$ führt diese Gleichung auf die Ableitung des mech. Wärmeäquivalents durch R. Mayer § 1! — Gl. 9^b können wir nach einfacher Umformung auch schreiben:

$$\frac{V_2}{V_1} = \frac{T_2}{T_1} \quad \dots\dots\dots \quad Gl.\ 23$$

d. h. bei konstantem Druck ist das Volumen der absoluten Temperatur direkt proportional. Damit läßt sich Gl. 22 aussprechen: Bei konstantem Druck ist die mechanische Arbeitsleistung eines Gasvolumens der Änderung seiner absoluten Temperatur proportional. Fig. 38 zeigt die graphische Darstellung dieser Zustandsänderung; die einfach schraffierte Fläche $p \cdot V_2 - p \cdot V_1$ gibt ein Maß der geleisteten Arbeit. (Gl. 22^b.)

2. V = konst. Zustandsgleichung: Zweite Form des Gesetzes von Gay-Lussac, Gl. 10^b, die wir auch schreiben können:

$$\frac{p_2}{p_1} = \frac{T_2}{T_1} \quad \dots\dots\dots \quad Gl.\ 24$$

d. h. bei konstantem Volumen sind die Drucke den absoluten Temperaturen proportional. Äußere Arbeit wird bei dieser Zustandsänderung nicht geleistet. Die einfach schraffierte Diagrammfläche (Fig. 38) würde zu einer senkrechten Geraden zusammenschrumpfen.

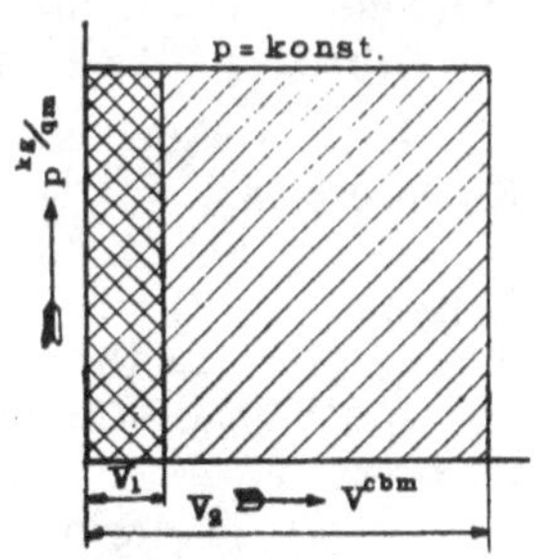

Fig. 38.

3. T = konst. Isothermische Zustandsänderung. Gl. 13^b geht mit T = konst. über in die Form:

$$p \cdot V = konst. \quad \dots\dots \quad Gl.\ 25$$

d. i. die Gleichung des Mariotteschen Gesetzes (Mech. Kap. I § 7, Fig. 45). Die bei dieser Zustandsgleichung geleistete mechanische Arbeit ergibt sich graphisch (Fig. 39) aus der unter der Isotherme (der gleichseitigen Hyperbel) liegenden Fläche, deren Größe wir ausrechnen: $L^{mkg} = \int_{V_1}^{V_2} p \cdot dV$.

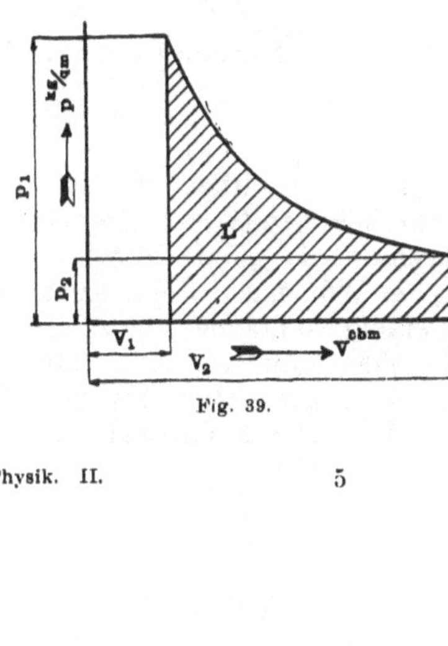

Fig. 39.

Wir setzen hierin aus $p \cdot V = p_1 \cdot V_1$ ein: $p = \frac{p_1 \cdot V_1}{V}$ und integrieren:

$$L = p_1 \cdot V_1 \cdot \int_{V_1}^{V_2} \frac{dV}{V} = p_1 \cdot V_1 \cdot (\ln V_2 - \ln V_1) = p_1 \cdot V_1 \cdot \ln \frac{V_2}{V_1} \text{ oder:}$$

$$L^{mkg} = \pm 2{,}3026 \cdot p_1^{kg/qm} \cdot V_1^{cbm} \cdot \log \frac{V_2}{V_1}$$

$$= \pm 2{,}3026 \cdot p_1 \cdot V_1 \cdot \log \frac{p_1}{p_2} \quad \ldots\ldots\ldots\ldots \quad Gl.\ 26$$

Da die innere Energie: $G^{kg} \cdot R^{mkg/kg \cdot o} \cdot T^0$ während der Zustandsänderung konstant bleibt, so muß die ganze mechanische Arbeit von der zugeführten Wärme bestritten werden.

Diese Wärmemenge, die bei einer positiven Arbeitsleistung (Expansion) zuzuführen bzw. bei einer negativen von außen geleisteten Arbeit (Kompression) abzuführen ist, ergibt sich zu:

$$Q^{Cal} = \pm L^{mkg} \cdot A^{Cal/mkg} \quad \ldots\ldots\ldots\ldots\ldots\ldots \quad Gl.\ 27$$

Das $+$Zeichen gilt für Expansion, das $-$Zeichen für Kompression.

Aufgabe 21. a) Welche Arbeit wird geleistet, wenn ein Luftvolumen $V_1 = 0{,}05^{cbm}$ von $p_1 = 12^{at.abs.} = 120\,000^{kg/qm}$ auf $p_2 = 1{,}3^{at.abs.} = 13\,000^{kg/qm}$ isothermisch expandiert?

b) Welche Wärmemenge ist während der Expansion zuzuführen?

a) Gl. 26 ergibt:

$$L^{mkg} = + 2{,}3026 \cdot 120\,000 \cdot 0{,}05 \cdot \log \frac{12}{1{,}3} = \mathbf{13\,335}^{mkg} \text{ (s. Fig. 40)}$$

b) Der Wärmewert dieser Arbeit ist nach Gl. 27:

$$Q^{Cal} = + 13\,335 \cdot \frac{1}{427} = \mathbf{31{,}2}^{Cal}$$

Es soll ausdrücklich darauf hingewiesen werden, daß außer dieser Wärmemenge nicht noch eine spezifische Wärme zuzuführen ist, da ja die Temperatur konstant bleibt.

4. Wir machen die Annahme, daß die Zustandsänderung in einem vollkommen wärmedichten Gefäß vor sich gehe, also ohne Abführung und Zuführung von Wärme, und sprechen dann von einer adiabatischen Zustandsänderung. Praktisch läßt sich diese Bedingung nicht vollständig erreichen. Die bei

der Expansion zu leistende Arbeit muß hier aus dem inneren Vorrat des Gases an Wärmeenergie entnommen werden; es wird also eine Temperaturabnahme erfolgen. Das umgekehrte wird bei der Kompression der Fall sein: Vergrößerung der inneren Energie, erkennbar durch Temperaturerhöhung. Einer Erwärmung (positiv) entspricht also ein Arbeitsaufwand (negativ). Wir schreiben (p variabel):

$$\pm c_v^{Cal/kg\cdot o} \cdot (T_2 - T_1)^0 = \mp A^{Cal/mkg} \cdot p^{kg/qm} \cdot (v_2 - v_1)^{cbm/kg} \quad Gl.\ 28$$

Hier ist ausdrücklich zu bemerken, daß die Temperaturerhöhung eines ^{kg} Gas um 1^0 für sich allein betrachtet stets c_v^{Cal} erfordert, ganz gleichgültig, ob die Erwärmung auch tatsächlich bei konstantem Volumen erfolgt oder nicht. Die Definition der Temperatur als eindeutiges Maß der molekularen Schwingungsenergie, die als solche von Druck und Volumen unabhängig ist, läßt diese Tatsache, die durch Versuche bestätigt wird, verständlich erscheinen.

Führen wir aus Gl. 13 und 19^b:

$$p = \frac{R \cdot T}{v} = \frac{c_p - c_v}{A} \cdot \frac{T}{v}$$

in Gl. 28 ein, indem wir diese für eine unbegrenzt kleine Zustandsänderung anschreiben, so ergibt sich:

$$+ c_v \cdot dT = -(c_p - c_v) \cdot \frac{T}{v} \cdot dv \quad \text{oder mit:} \quad \frac{c_p}{c_v} - \frac{c_v}{c_v} = k - 1:$$

$$\frac{dT}{T} + (k-1) \cdot \frac{dv}{v} = 0$$

Wir integrieren:

$$\int \frac{dT}{T} + (k-1) \cdot \int \frac{dv}{v} = 0; \quad \ln T + (k-1) \cdot \ln v = \text{konst.}$$

$$\mathbf{T \cdot v^{k-1} = Konst.}; \quad \frac{T_1}{T_2} = \left(\frac{v_2}{v_1}\right)^{k-1} \quad \ldots\ldots \quad Gl.\ 29^{a,b}$$

Führen wir aus Gl. 13^a und 19^b ein:

$$T = \frac{p \cdot v \cdot A}{c_p - c_v}$$

so folgt:

$$\frac{p \cdot v \cdot A}{c_p - c_v} \cdot v^{k-1} = \text{konst.}$$

also auch:

$$\mathbf{p \cdot v^k = Konst.}\,;\quad \frac{p_1}{p_2} = \left(\frac{v_2}{v_1}\right)^k \ldots\ldots\ldots\ldots \textit{Gl. 30}^{a,b}$$

Setzen wir aus der so umgeformten Gl. 30ᵃ:

$$v^{k-1} = \frac{\text{konst.}}{p^{\frac{k-1}{k}}}$$

in Gl. 29ᵃ ein, so ergibt sich:

$$\frac{\mathbf{T}}{\mathbf{p}^{\frac{k-1}{k}}} = \mathbf{Konst.}\,;\quad \left(\frac{T_2}{T_1}\right)^{\frac{1}{k-1}} = \left(\frac{p_2}{p_1}\right)^{\frac{1}{k}} \ldots\ldots \textit{Gl. 31}^{a,b}$$

Gl. 29—31 bilden den Ausdruck des Poissonschen oder potenzierten Mariotteschen Gesetzes. Dieses Gesetz wird graphisch dargestellt durch die Adiabate, für deren Aufzeichnung in technischen Taschenbüchern eine geometrische Konstruktion und auch Tabellen gegeben werden. Einfach und genau führt eine Rechnung zum Ziel, wie in Aufgabe 22 und Fig. 40 gezeigt wird. Zunächst müssen wir noch die Arbeitsleistung bei adiabatischer Zustandsänderung ermitteln. Gilt für den Anfangszustand: $p_1 \cdot v_1 = R \cdot T_1$, für den Endzustand: $p_2 \cdot v_2 = R \cdot T_2$, so folgt durch Subtraktion:

$$T_2^{\,0} - T_1^{\,0} = \frac{(p_2 \cdot v_2 - p_2 \cdot v_1)^{mkg/kg}}{R^{mkg/kg\,.\,o}}$$

also die der Änderung der molekularen Schwingungsenergie (der Temperatur) entsprechende äußere Arbeit:

$$+L^{mkg/kg} = +c_v^{Cal/kg\,.\,o} \cdot (T_2 - T_1)^0 \cdot \frac{1^{mkg/Cal}}{A}$$

$$= \mp \frac{c_v \cdot (p_2 \cdot v_2 - p_1 \cdot v_1)}{A \cdot R} \ldots\ldots\ldots\ldots \textit{Gl. 32}$$

Setzen wir in Gl. 32 ein: $A = (c_p - c_v) : R$, (Gl. 19ᵇ) so ergibt sich mit $R = p_1 \cdot v_1 : T_1$, $c_p : c_v = k$ und $V_1^{cbm} = v_1^{cbm/kg} \cdot G^{kg}$:

$$\pm L^{mkg} = \pm \frac{p_1^{kg/qm} \cdot V_1^{cbm}}{k-1} \cdot \left(1 - \frac{T_2}{T_1}\right) \ldots\ldots\ldots\ldots\ldots\ldots \textit{Gl. 33}$$

Das + Zeichen gilt für die Erzeugung mechanischer Arbeit (Expansion) unter Abnahme von T, das — Zeichen für Arbeitsaufwand (Kompression) unter Zunahme von T.

Aufgabe 22. In Aufgabe 21 wurde die isothermische Expansion eines Gasvolumens $V_1 = 0{,}05^{cbm}$ von $p_1 = 120000^{kg/qm}$ auf $p_2 = 13000^{kg/qm}$ behandelt. a) Welches Endvolumen V_2^{cbm} wird erreicht, wenn die Expansion adiabatisch erfolgt? b) Welche Endtemperatur T_2 wird erreicht, wenn $T_1 = 291^0$ abs. (18^0 C) ist? c) Welche Arbeit wird geleistet? Es ist: $k = 1{,}41$.

a) Aus Gl. 30^b folgt:

$$V_2^{cbm} = V_1^{cbm} \cdot \left(\frac{p_1}{p_2}\right)^{\frac{1}{1{,}41}} = 0{,}05 \cdot \left(\frac{120\,000}{13\,000}\right)^{0{,}71} = \mathbf{0{,}242}^{cbm}$$

b) Aus Gl. 31^b folgt:

$$T_2^0 = T_1^0 \cdot \left(\frac{p_2}{p_1}\right)^{\frac{k-1}{k}} = 291 \cdot \left(\frac{13\,000}{120\,000}\right)^{\frac{0{,}41}{1{,}41}} = \mathbf{152^0\,abs.} = \mathbf{-121^0C}$$

c) Aus Gl. 33 folgt:

$$L^{mkg} = \frac{120000 \cdot 0{,}05}{0{,}41} \cdot \left(1 - \frac{152}{291}\right) = \mathbf{6990}^{mkg} = \frac{6990}{427} = \mathbf{16{,}3}^{Cal}$$

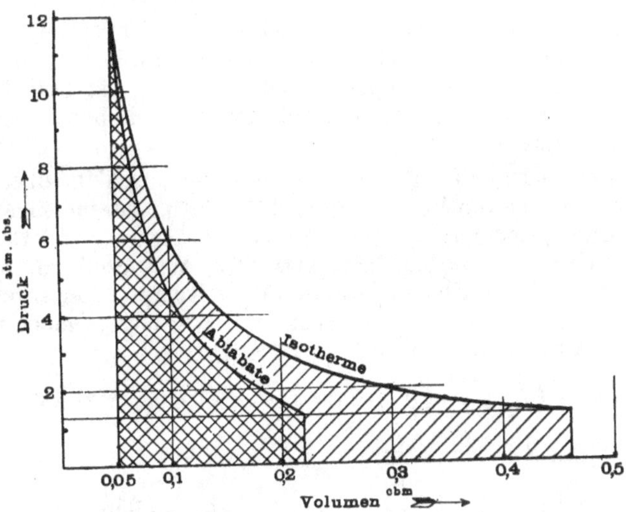

Fig. 40.

In Fig. 40 ist zunächst die Isotherme für Aufgabe 21 nach bekanntem Verfahren aufgezeichnet. Zum Zwecke des Vergleichs der Arbeitsflächen ist die Adiabate der vorstehenden Aufgabe in dieselbe Figur eingetragen und zwar sind einzelne Punkte durch Rechnung bestimmt. Für $p_1 = 12$, $p_2 = 8^{kg/qcm}$ ergibt Gl. 30^b beispielsweise: $V_2 = 0{,}05 \cdot 1{,}5^{0,71} = 0{,}0668$. Als Maßstäbe sind gewählt: X — Achse: $1^{cm} = 0{,}0666^{cbm}$, Y — Achse: $1^{cm} = 20000^{kg/qm}$ somit Flächenmaßstab:

$$1^{qcm} = 0{,}0666^{cbm} \cdot 20000^{kg/qm} = \mathbf{1333}^{mkg}$$

Der — einfach schraffierten — Arbeitsfläche der Isotherme von $\sim 10^{qcm}$ Inhalt entsprechen also $10 \cdot 1333 = 13330^{mkg}$, wie in Aufgabe 21 errechnet wurde, (13335^{mkg}) der doppelt schraffierten Arbeitsfläche der Adiabate von $\sim 5{,}2^{qcm}$ entsprechen:

$$5{,}2 \cdot 1333 = \sim 6990^{mkg}.$$

5.) In manchen praktischen Fällen, z. B. in den Zylindern der Gasmaschinen und Kompressoren, findet unter dem Einfluß äußerer Wärmeleitung eine der adiabatischen ähnliche Zustandsänderung statt, die durch die Gleichung ausgedrückt werden kann:

$$p \cdot V^m = konst. \quad \ldots\ldots\ldots\ldots \quad Gl.\ 34.$$

worin m eine Erfahrungszahl zwischen 1 (Isotherme) und k (Adiabate) ist. Der Verlauf dieser polytropischen Zustandsänderung wird also zwischen Isotherme unb Adiabate liegen. Für die Polytrope gelten die Gesetze der Adiabate, indem k durch m ersetzt wird.

Aufgabe 23. Das Leuchtgas-Luftgemisch in einer Gasmaschine werde von $V_1 = 28^{cdcm}$ auf $V_2 = 5^{cdcm}$ zusammengepreßt. Die Anfangstemperatur sei $T_1 = 328^0$ abs. $(= 55^0\ C)$, der Anfangsdruck: $p_1 = 0{,}9^{atm} = 9000^{kg/qm}$. Wie groß ist: a) der Enddruck, b) die Endtemperatur, c) die Kompressionsarbeit der polytropischen Kompression, wenn $m = 1{,}38$ angenommen wird?

a) Aus Gl. 30^b folgt:

$$p_2^{kg/qm} = \left(\frac{28}{5}\right)^{1,38} \cdot 0{,}9 \cdot 10000^{kg/qm} = 96990^{kg/qm} = \mathbf{9{,}699}^{atm}$$

b) Aus Gl. 29^b folgt:

$$T_2^0 = 328^0 \cdot \left(\frac{28}{5}\right)^{0,38} = 631{,}2^0 \text{ abs.} = \mathbf{358{,}2^0}\ C$$

c) Aus Gl. 33 folgt:

$$L^{mkg} = \frac{0{,}9 \cdot 10000 \cdot 0{,}028}{0{,}38} \cdot \left(1 - \frac{631{,}2}{328}\right) = \mathbf{-614{,}5}^{mkg}$$

6.) Der allgemeinste Fall, daß die Zustandsänderung nach einem beliebigen Gesetz erfolgt, läßt sich durch die Gleichung ausdrücken:

$$Q^{Cal/kg} = c_v^{Cal/kg \cdot o} \cdot (T_2 - T_1)^0 + A^{Cal/kg} \cdot p^{kg/qm} \cdot (v_2 - v_1)^{cbm/kg} \quad \text{.. Gl. 35}$$

oder für eine unbegrenzt kleine Zustandsänderung, während derer p konstant bleibt:

$$dQ = c_v \cdot dT + A \cdot p \cdot dv \quad \text{.......... Gl. 36}$$

§ 3. Kreisprozesse. Als Kreisprozeß bezeichnet man eine Aufeinanderfolge mehrerer Zustandsänderungen, die schließlich auf den Anfangszustand zurückführt. Wir betrachten hier als Beispiel den sogenannten Carnotschen Kreisprozeß. Dieser besteht, wie Fig. 41 erkennen läßt, aus vier Zustandsänderungen, nämlich erstens der Isotherme AB, während deren Verlaufs bei $T_1{}^0$ abs. = konst. die Wärmemenge Q_1 zugeführt wird, zweitens der Adiabate BC mit Anfangstemperatur T_1 und Endtemperatur T_2, drittens der Isotherme CD, während deren Verlaufs bei $T_2{}^0$ = konst. die Wärmemenge $-Q_2$ abgeführt wird, und viertens der Adiabate DA, die von T_2 auf T_1 zurückführt und den Kreisprozeß schließt.

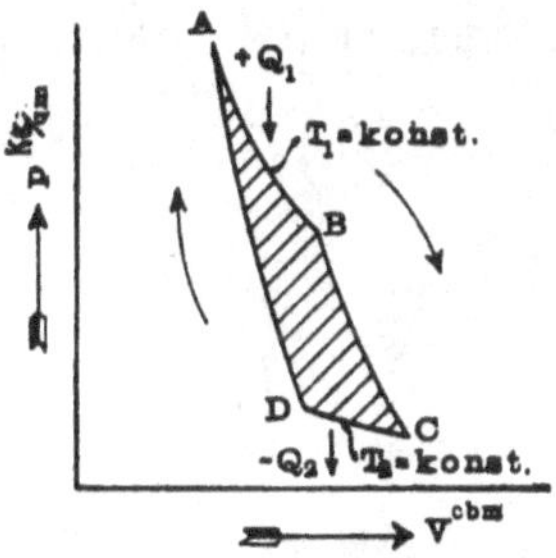

Fig. 41.

Nach § 2 und Fig. 39 wird es leicht verständlich, daß die nach außen abgeführte Arbeit, nämlich die Differenz zwischen positiver Expansionsarbeit und negativer Kompressionsarbeit, durch die schraffierte Fläche in Fig. 41 dargestellt wird, die von den vier Zustandslinien eingeschlossen wird. Rechnerisch ergibt sich diese Arbeit aus folgender Überlegung: Die positive Expansionsarbeit der Adiabate BC und die negative Kompressionsarbeit der Adiabate DA heben gemäß Gl. 32 einander auf, da für diese beiden Zustandsänderungen T_1 und T_2 die gleichen numerischen Werte, aber entgegengesetzte Vorzeichen haben. Es bleibt also die Differenz der während der isothermischen Zustandsänderungen AB bzw. CD geleisteten Expansionsarbeit bzw. Kompressionsarbeit übrig und diese Differenz ergibt sich (Gl. 27):

$$A^{Cal/mkg} \cdot L^{mkg} = Q_1{}^{Cal} - Q_2{}^{Cal} = Q_1 \cdot \left(1 - \frac{Q_2}{Q_1}\right) \quad \text{....... Gl. 37}$$

Da hier die ganze Differenz zwischen zugeführter und abgeführter Wärme in Arbeit verwandelt wird, so sprechen wir von einem idealen Kreisprozeß. Nun ist:

$$Q_1 = 2{,}3026 \cdot p_A \cdot V_A \cdot \log\frac{V_B}{V_A} = G \cdot R \cdot T_1 \cdot \ln\frac{V_B}{V_A} \text{ (Gl. 26 und 13),}$$

desgl. (Gl. 26 mit negativem Vorzeichen):

$$Q_2 = G \cdot R \cdot T_2 \cdot \ln\frac{V_C}{V_D}$$

also:

$$\frac{Q_1}{Q_2} = \frac{T_1}{T_2} \cdot \frac{\ln\frac{V_B}{V_A}}{\ln\frac{V_C}{V_D}}$$

Ferner ist (Gl. 29[b]):

$$\frac{T_1}{T_2} = \left(\frac{V_C}{V_B}\right)^{k-1} = \left(\frac{V_D}{V_A}\right)^{k-1}, \text{ also: } \frac{V_C}{V_B} = \frac{V_D}{V_A} \text{ oder: } \frac{V_B}{V_A} = \frac{V_C}{V_D}$$

und:

$$\frac{Q_1}{Q_2} = \frac{T_1}{T_2} \text{ .... Gl. 38}$$

Damit geht Gl. 37 über in die Form:

$$A^{Cal/mkg} \cdot L^{mkg} = Q_1 \cdot \left(1 - \frac{T_2}{T_1}\right) \text{ .... Gl. 39}^a$$

Bezeichnen wir als thermischen Wirkungsgrad η_t den Bruchteil der zugeführten Wärmemenge, der in mechanische Arbeit umgewandelt worden ist, so erhalten wir:

$$\eta_t = \frac{A \cdot L}{Q_1} = 1 - \frac{T_2}{T_1} = \frac{T_1 - T_2}{T_1} = \frac{Q_1 - Q_2}{Q_1} \text{ .... Gl. 40}^{a-d}$$

Gl. 40[b] läßt erkennen, daß der thermische Wirkungsgrad um so größer ausfällt, je höher T_1 liegt. Gl. 40[c] sagt aus: η_t wird nur dann $= 1$, d. h. vollkommene Ausnutzung der zugeführten Wärmemenge ist nur dann möglich, wenn die Endtemperatur $T_2 = 0$ ($= -273^0$ C) ist. Diese Forderung ist praktisch nicht zu erreichen (siehe unten). — Geben wir Gl. 39[a] die Form:

$$Q^{Cal} = A^{Cal/mkg} \cdot L^{mkg} = \frac{Q_1^{Cal}}{T_1^0} \cdot (T_1 - T_2)^0 \text{ .... Gl. 39}^b$$

und nennen wir $\frac{Q_1}{T_1}$: das Wärmegewicht und $T_1 - T_2$: das Temperaturgefälle, so erhalten wir eine Analogie zwischen den Beziehungen:

Mechan. Arbeit = Gewicht · Gefälle
Wärmearbeit = Wärmegewicht · Temperaturgefälle.

Der mathematische Ausbau dieser Beziehung ist für die mechanische Wärmetheorie und vor allem für deren graphische Behandlung von großer Bedeutung geworden. Hier können im folgenden Paragraphen nur einige Andeutungen gegeben werden, die für das Verständnis der physikalischen Vorgänge wichtig sind. Schreiben wir Gl. 38 $\frac{Q_1}{T_1} = \frac{Q_2}{T_2}$ oder: $\frac{Q_1}{T_1} - \frac{Q_2}{T_2} = 0$, so ergibt die wörtliche Fassung dieses Ausdrucks zugleich die Definition der Umkehrbarkeit eines Kreisprozesses: Ein Kreisprozeß ist umkehrbar, wenn er in allen Teilen in umgekehrter Richtung durchlaufen werden kann; das ist der Fall, wenn die algebraische Summe der auftretenden Wärmegewichte = 0 ist. In allen praktischen Kreisprozessen der Kraftmaschinen[1]), z. B. in dem der Dampfmaschine, wird infolge von Nebenverlusten (Abkühlung durch die Zylinderwand, Dampfreibung usw.) $\frac{Q_1}{T_1}$ stets größer sein als $\frac{Q_2}{T_2}$; die algebraische Summe der Wärmegewichte wird größer sein als 0. Jene Wärmeverluste bringen Zustandsänderungen hervor, die nicht umkehrbare Teile des Kreisprozesses bilden.

Zwischen jenen praktischen Kreisprozessen und dem Carnotschen Idealprozeß besteht ein grundsätzlicher Unterschied. Während bei dem letzteren der ganze Prozeß immer wieder von der gleichen Gasmenge (1^{kg}) durchlaufen wird, der während der Zustandsänderungen Wärme zugeführt und entzogen wird ersetzt man bei den praktischen Prozessen die Wärmezufuhr durch Zufuhr neuer Mengen Gas bzw. Dampf oder durch Umwandlung einer andern Energieform (z. B. Verbrennung in den Gasmaschinen) und führt anstatt Wärme den verbrauchten Brennstoff selbst ab. Jedes Teilgewicht des Arbeitsstoffes durchläuft daher nur einen Kreisprozeß. Eine Ausnahme von dieser Regel bilden nur gewisse Heißluftmaschinen, bei

[1]) Hinsichtlich der Kompressoren s. Kap. VII § 6.

denen stets dasselbe Luftgewicht arbeitet. Bei dem Kreisprozeß (Fig. 42), der in Richtung des Pfeiles durchlaufen werde, wird auf A B Arbeitsstoff vom Drucke p_1 und der Temperatur T_1 (Dampf, Preßluft) zugeführt, auf C D bei p_2, T_2 abgeführt. Die geleistete Arbeit ergibt sich als nur einmal schraffierte Fläche A B C D, die als algebraische Summe der durch Schraffur gekennzeichneten Einzelflächen entsteht:

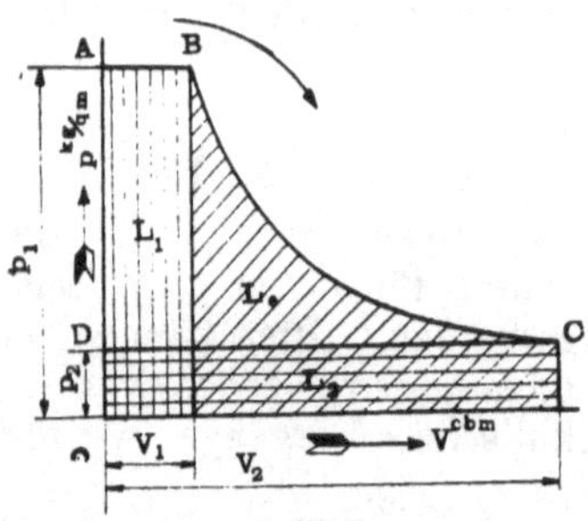

Fig. 42.

$$L^{mkg} = L_1 + L_e - L_2$$

Nach § 2,1 ist $L_1{}^{mkg} = p_1 \cdot V_1$; $L_2 = p_2 \cdot V_2$. Ist B C eine Isotherme, so wird $L_1 - L_2 = p_1 \cdot V_1 - p_2 \cdot V_2 = 0$, somit ist hier der Wert der schräg schraffierten absoluten Expansionsarbeit gleich dem der Arbeitsfläche A B C D, d. h. nach Gl. 26

$$L^{mkg} = L_e = + 2{,}3026 \cdot p_1 \cdot V_1 \cdot \log \frac{p_1}{p_2}$$

Ist B C eine Adiabate, so wird mit L_e nach Gl. 32, deren rechte Seite hier negativ ist (Arbeitsleistung)!

$$L = p_1 \cdot V_1 + \frac{c_v \cdot (p_1 \cdot V_1 - p_2 \cdot V_2)}{A \cdot R} - p_2 \cdot V_2 \text{ oder mit } A \cdot R = c_p - c_v$$

und einfacher Umformung:

$$L^{mkg} = \frac{c_p \cdot (p_1 \cdot V_1 - p_2 \cdot V_2)}{A \cdot R} = k \cdot L_e \quad \ldots\ldots\ldots\ldots \quad Gl. 41$$

Während also bei isothermischer Expansion die Gesamtarbeit gleich der schräg schraffierten absoluten Gasarbeit ist, wird die Gesamtarbeit bei adiabatischer Expansion zu dem k-fachen der absoluten Expansionsarbeit; diese ist jedoch an sich kleiner, als die der isothermischen Expansion.

Soll der Prozeß in umgekehrter Richtung durchlaufen werden, so muß der Arbeitsstoff auf D C zugeführt, auf B A abgeführt werden. Hierzu ist ein äußerer Arbeitsaufwand erforderlich. Der angedeutete Vorgang stellt den idealen Kreisprozeß in den Kompressoren dar. Der Arbeitsaufwand ist dem absoluten Werte nach gleich dem Arbeitsgewinn bei dem im Sinne des Pfeiles durchlaufenen Kreisprozeß.

Es braucht kaum darauf hingewiesen zu werden, daß die wirklichen Arbeitsprozesse in unseren Dampfmaschinen und Kompressoren einen andern Verlauf zeigen, als der hier angenommene Idealprozeß. Durchweg ist praktisch die Arbeitsfläche, die im Indikatordiagramm erscheint, kleiner als die Fläche des Idealprozesses.

Der grundsätzliche Unterschied zwischen dem rechtsläufigen Prozeß (Arbeitsgewinn) und dem umgekehrten Prozeß (Arbeitsaufwand) wird am besten erkennbar, wenn wir wieder anstatt von dem zuletzt betrachteten idealen Kreisprozeß der Kolbenmaschinen vom Carnotschen Prozeß ausgehen (Fig. 41).

Wird dieser Kreisprozeß in umgekehrter Richtung, d. h. entgegengesetzt zur Pfeilrichtung durchlaufen, so muß die Wärmemenge $Q_2 = Q_1$ während des Verlaufs der Isotherme D C zugeführt und während B A abgeführt werden. Es muß das „Wärmegewicht" $\frac{Q_2}{T_2}$ um die „Höhe" — $(T_2 - T_1)$ gehoben werden und es muß zu diesem Behufe eine mechanische Arbeit aufgewendet werden, deren Größe sich wieder aus der durch das Carnotsche Viereck eingeschlossenen schraffierten Fläche ergibt.

Diese Überlegung, die in Kap. VII § 6 noch eingehender behandelt ist, führt uns zu der Erkenntnis:

„Wärme kann ohne Aufwand mechanischer Arbeit nicht von einem Körper geringerer Temperatur auf einen solchen höherer Temperatur übergehen."

Dieser sogenannte II. Hauptsatz der mechanischen Wärmetheorie kann streng genommen nur als Hypothese bezeichnet werden, wird aber durch unzählige Erfahrungen bestätigt. Wäre dieser Satz nicht gültig, d. h. wäre es möglich, ohne Aufwand von Arbeit die unermeßlich große Wärmemenge, die z. B. im Meere enthalten ist, auf ein höheres Temperaturniveau zu bringen, also künstlich Temperaturunterschiede zu schaffen, so wäre damit ein Energievorrat aus nichts geschaffen: ein „Perpetuum mobile zweiter Art" (nach Ostwald) wäre möglich. Dieser Gedanke hat manchen Erfinder bewogen, die Gültigkeit des zweiten Hauptsatzes anzuzweifeln, freilich ohne daß damit jemals Erfolge zu erzielen gewesen wären!

§ 4. Die Entropie. Für einen Kreisprozeß, der aus unendlich vielen unbegrenzt kleinen Zustandsänderungen mit den

Wärmegewichten $\frac{dQ}{T}$ sich zusammensetzt, tritt an Stelle der algebraischen Summe $\Sigma \frac{Q}{T}$ das Integral:

$$\int_1^1 dS = \int_1^1 \frac{dQ}{T} \quad \ldots\ldots\ldots\ldots \quad Gl.\ 42$$

Für den Carnotschen Kreisprozeß ist also wieder:

$$\int_1^1 \frac{dQ}{T} = 0 \quad \ldots\ldots\ldots\ldots \quad Gl.\ 43$$

Durch die Einsetzung der Grenzen wird ausgedrückt, daß die Integration über den ganzen Kreisprozeß vom Zustand 1 nach 1 zurück zu erfolgen hat. Der Ausdruck: $\int \frac{dQ}{T}$ heißt nach Clausius: die Entropie. Betrachten wir die Änderung der Entropie zwischen zwei Zuständen 1 und 2 im Verlaufe eines beliebigen Kreisprozesses, so ergibt sich:

$$\int_2^1 dS = S_1 - S_2 = \int_2^1 \frac{dQ}{T} \quad \ldots\ldots \quad Gl.\ 44$$

Führen wir in diese Gleichung dQ aus Gl. 36 ein, so folgt:

$$dS = c_v \cdot \frac{dT}{T} + A \cdot p \cdot \frac{dv}{T}$$

mit $T = \frac{p \cdot v}{R}$ (Gl. 13ª) und Integration folgt dann:

$$\int_2^1 dS = c_v \cdot \int_2^1 \frac{dT}{T} + A \cdot R \cdot \int_2^1 \frac{dv}{v}$$

$$S_1 - S_2{}^{Cal/kg \cdot o} = c_v{}^{Cal/kg \cdot o} \cdot ln \frac{T_1}{T_2} + A^{Cal/mkg} \cdot R^{m/o} \cdot ln \frac{v_1}{v_2} \quad .. \quad Gl.\ 45$$

Diese Gleichung läßt erkennen, daß die Entropie von den Zustandsgrößen (p, v, T) abhängt, also selbst den Charakter einer Zustandsgröße gewinnt. Ihre Dimension ist die der spezifischen Wärme.

Für die oben (§ 2) genannten besonderen Arten von Zustandsänderungen ergeben sich folgende Beziehungen:

1.) $p = $ konst. Differenzieren wir Gl. 13[a] mit $p = $ konst. nach v und T:

$p \cdot dv = R \cdot dT$ und ersetzen wir gemäß Gl. 19: R durch $\frac{c_p - c_v}{A}$, so geht unter Einsetzung dieser Werte Gl. 36 über in:

$$dQ = c_v \cdot dT + (c_p - c_v)\, dT = c_p \cdot dT$$

Wir dividieren beiderseits durch T und integrieren zwischen den Zuständen 1 und 2:

$$\int_2^1 \frac{dQ}{T} = c_p \cdot \int_2^1 \frac{dT}{T}$$

$$S_1 - S_2 = c_p \cdot ln \frac{T_1}{T_2} = 2{,}3026 \cdot c_p \cdot log. \frac{T_1}{T_2} \quad \ldots\ldots\ldots\ldots\ Gl.\ 46$$

Die Darstellung dieser Zustandsänderung im Druck — Volumendiagramm ist in Fig. 38 ihre „Abbildung" im Wärmediagramm in Fig. 43 gegeben. In letzterem ergibt sie sich als logarithmische Linie, die mit Hilfe einer Tabelle leicht aufgezeichnet werden kann, wie in der Figur für $T_2 = 1{,}5 \cdot T_1$ angedeutet ist. Die Bedeutung der schraffierten Fläche wird aus der Erörterung der Fig. 44 verständlich. (Siehe unten!)

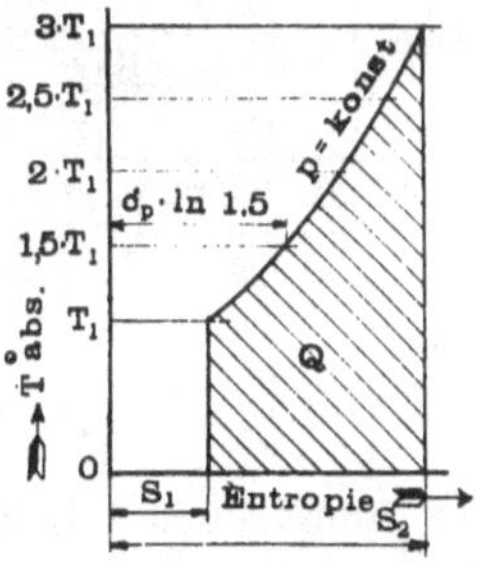

Fig. 43.

2.) $V = $ konst. Hier ist $dv = 0$ und Gl. 36 geht über in: $dQ = c_v \cdot dT$; es ergibt sich analog Gl. 46: (auch in der graphischen Darstellung):

$$S_1 - S_2 = c_v \cdot ln \frac{T_1}{T_2} = 2{,}3026 \cdot c_v \cdot log \frac{T_1}{T_2} \quad \ldots\ldots\ldots\ldots\ Gl.\ 47$$

3.) $T = $ konst. Für die Isotherme geht Gl. 45 mit $ln \frac{T_1}{T_2} = 0$ über in:

$$S_1 - S_2 = A \cdot R \cdot ln \frac{v_1}{v_2} = 2{,}3026 \cdot A \cdot R \cdot log \frac{v_1}{v_2} \quad \ldots\ldots\ldots\ldots\ Gl.\ 48$$

Über die graphische Darstellung siehe unten (Fig. 44).

4.) Für die Adiabate folgt aus Gl. 44 mit $dQ = 0$: $dS = 0$ oder:

$S = konst.$ .... *Gl. 49*

Über die graphische Darstellung siehe unten (Fig. 44).

5.) und 6.) Die Entropieänderung bei der Polytrope und einer nach beliebigem Gesetz vor sich gehenden Zustandsänderung erhält man am besten, indem man, von der Druckvolumenkurve ausgehend, einzelne zusammengehörige Zustandswerte T_2 und v_2 ausrechnet und in Gl. 45 einsetzt. Die Werte von $S_1 - S_2$ kann man dann nach Art der Fig. 43 punktweise als Funktion von T in das Wärmediagramm eintragen.

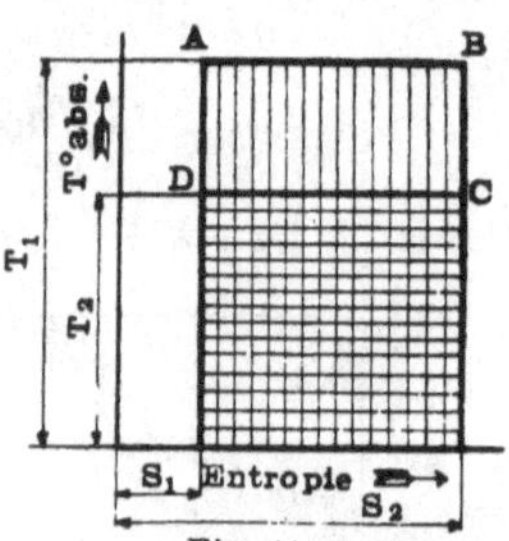

Fig. 44.

In Fig. 44 ist die Abbildung des Carnotschen Kreisprozesses (Druck-Volumendiagramm Fig. 41) im Wärmediagramm gegeben. Die Isothermen AB und CD erscheinen wegen $T = konst.$ als Parallelen zur Entropie-Achse. Die Adiabaten AD und BC sind Parallelen zur Temperatur-Achse wegen $S = konst.$ (Gl. 49). Die unter AB liegende, senkrecht schraffierte Fläche: $(S_2 - S_1) \cdot T_1$, die gemäß Gl. 48 bzw. 13[a] auch ist:

$$A \cdot R \cdot T_1 \cdot \ln \frac{v_2}{v_1} = A \cdot p_1 \cdot v_1 \cdot \ln \frac{v_2}{v_1} = 2{,}3026 \cdot A \cdot p_1 \cdot v_1 \cdot \log \frac{v_2}{v_1}$$

ist somit nach Gl. 26 bzw. 27: $Q_1 = A \cdot L_1$, d. h. diese senkrecht schraffierte Fläche ergibt die während der isothermischen Expansion von einem kg Gas geleistete Arbeit im Wärmemaß. Desgleichen ist die wagerecht schraffierte Fläche: $Q_2 = A \cdot L_2$. Die einfach schraffierte Fläche A B C D ergibt den Wärmewert $Q = Q_1 - Q_2$ des ganzen Carnotschen Kreisprozesses, entspricht also im Wärmemaß der schraffierten Fläche A B C D in Fig. 41.

Damit wird es verständlich, daß die schraffierte Fläche in Fig. 43 im Wärmemaß die Arbeitsleistung einer Zustandsänderung bei konstantem Druck ergibt und (unter Beachtung der Maßstäbe) der einfach schraffierten Arbeitsfläche in Fig. 38 entspricht.

Die Arbeitsleistung der adiabatischen Expansion erscheint im Wärmediagramm nicht als Fläche, sondern als senkrechte Linie. Als Flächen erscheinen also im Wärmediagramm nur Wärmemengen, die von außen zu- bzw. abgeführt werden.

Die Bedeutung des thermischen Wirkungsgrades $\eta_t = \frac{Q_1 - Q_2}{Q_1}$ (Gl. 40^d) wird durch Fig. 44 besonders klar zum Ausdruck gebracht: Es ist das Verhältnis der einfach schraffierten zur senkrecht schraffierten Fläche.

VII. Kapitel.

Von den Dämpfen.

§ 1. Druck und Temperatur gesättigter Dämpfe. Für den Begriff des gesättigten Dampfes ist die Erscheinung charakteristisch, daß jeder Temperatur des Dampfes ein ganz bestimmter Druck zukommt. Verkleinern wir das Volumen gesättigten Dampfes (in einem Zylinder mit Kolben) so steigt hier nicht, wie bei den Gasen, der Druck, sondern dieser bleibt konstant, während ein Teil des Dampfes in den flüssigen Zustand übergeht. Beim Vergrößern des Volumens tritt umgekehrt Verdampfen ein und auch hier bleibt der Druck konstant, bis der letzte Flüssigkeitstropfen verdampft ist; erst dann sinkt bei weiterer Volumenvergrößerung der Druck, und der Dampf, den wir nunmehr ungesättigt oder überhitzt nennen, folgt einem dem Mariotteschen ähnlichen Gesetz. Überhitzter Dampf hat also eine höhere Temperatur, als seinem Druck im Sättigungszustande entsprechen würde.

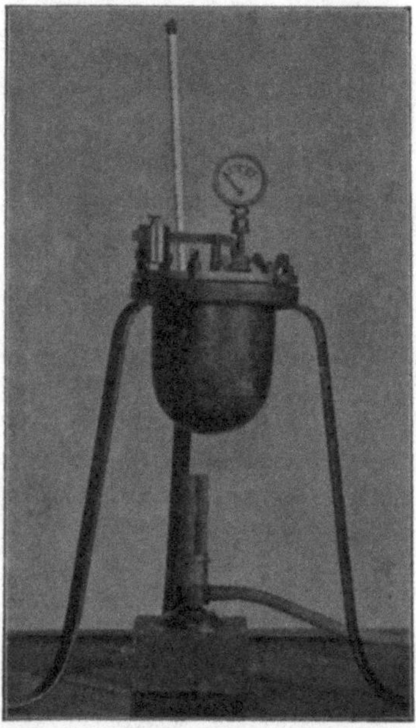

Fig. 45.

Wir betrachten nun zunächst die Eigenschaften des gesättigten Dampfes oder Sattdampfes und beziehen diese Betrachtung, wie auch in den folgenden Paragraphen auf den technisch so überaus wichtigen Wasserdampf. Fig. 45 zeigt den Papinschen Topf. Es ist ein Dampfkessel, der mit einem Federmanometer, einem Thermometer (das in einem mit Quecksilber gefüllten in den Dampfraum hineinragenden Sackrohr steckt) und einem Sicherheitsventil ausgerüstet ist. Während bei der Erhitzung allmählich der Druck im Kessel steigt, lesen wir gleichzeitige Angaben des Manometers und des Thermometers ab, und tragen die gewonnenen Werte in ein Koordinatensystem ein Fig. 46 Kurve I. Die Kurve zeigt, daß der Druck umso schneller steigt, je höher

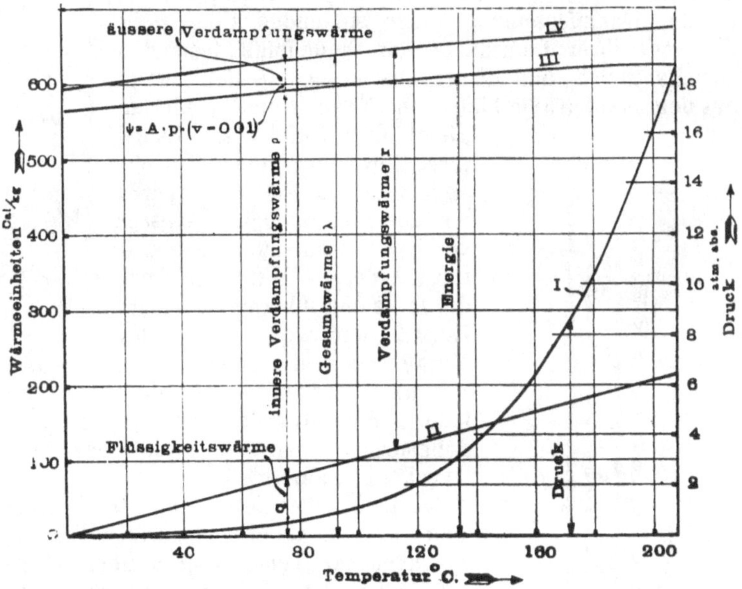

Fig. 46

die Temperatur wird. Siehe Spalte 1 und 2 der Tafel für gesättigten Wasserdampf am Ende des Kapitels!

Um das Abhängigkeitsgesetz auch für Temperaturen unter 100° bzw. Drucke unter 1 $^{atm. abs.}$ zu ermitteln, bedienen wir uns des Dampfbarometers Fig. 47. Im luftleeren Raum im weiteren Schenkel der kommunizierenden Röhren befindet sich etwas destilliertes Wasser, das man mittels Dampf, den man durch den umschließenden Mantelraum strömen läßt, auf Siedepunktstemperatur erwärmen kann. Geschieht dies, so steigt im engeren luftleeren Rohr das Quecksilber, — das bis dahin je nach Zimmertemperatur nur wenig höher stand, als das Quecksilberniveau im weiten Schenkel, — so hoch, daß der Niveauunterschied der Quecksilbersäule nunmehr dem Barometerstand entspricht. (Die geringe Erhebung infolge der statistischen Druckhöhe der Wasserfüllung kann vernachlässigt werden.) Die Dampfspannung im weiten Schenkel entspricht wegen gleicher Temperatur der Spannung des durch den Mantelraum geleiteten Dampfes. Wie wir schon aus Kap. III § 3 wissen, ist die Dampfspannung einer siedenden Flüssigkeit dem auf ihrer Oberfläche im Siedegefäß lastenden Drucke gleich, und dieser Druck ist, da der Dampf aus dem Mantelraum hinaus ins Freie strömt, wiederum gleich dem Luftdruck. Es ist also: Barometerstand = Quecksilbersäule in Fig. 47. Leiten wir anstelle von Dampf Wasser von verschiedenen Temperaturen (deren Mittelwert wir durch je ein Thermometer am Eintritt und am Austritt des Mantelraums bestimmen) um den weiten Schenkel herum, so erhalten wir für jede Temperatur den zugehörigen Sättigungsdruck als Niveaudifferenz der Quecksilbersäule.

Fig. 47.

Für Temperaturen unter 0 ° bedient man sich u. a. des Apparates Fig. 48, der auch für Temperaturen über 0 ° zu verwenden ist. Die zu untersuchende Substanz befindet sich im flüssigen bzw. erstarrten Zustande in der Kugel am oberen Ende einer Art Barometer, also in dessen Torricellischer Leere. Durch Eintauchen der Kugel in eine Kältemischung erreicht man die gewünschten Temperaturen. Die zugehörigen Spanungen ergeben sich: Barometerstand — Niveauunterschied der absperrenden Quecksilbersäule. Ein gewöhnliches Barometer (rechts) dient zum unmittelbaren Ablesen des gesuchten Druckes als Differenz der beiden Quecksilbersäulen.

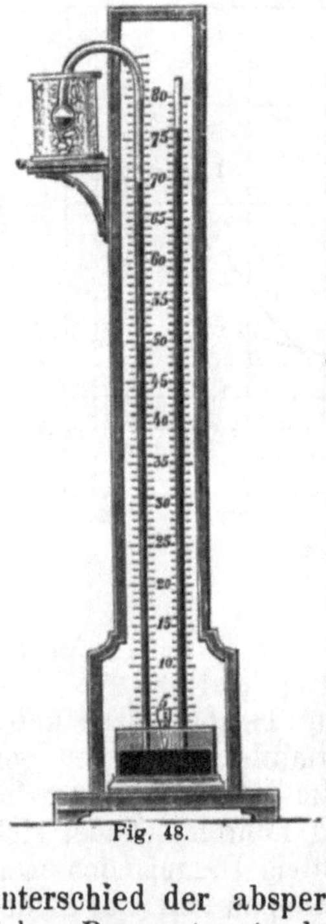

Fig. 48.

Die hierbei sich ergebenden Drucke für Wasser bzw. Eis sind aus folgender Tabelle zu ersehen:

Temperatur ⁰ .	0	− 1	− 2	− 3	− 4	− 5	− 6	− 7	− 8	− 9	− 10
Druck mm Hg .	4,64	4,28	3,9	3,6	3,3	3,0	2,8	2,5	2,3	2,1	1,9

Einige in der Tabelle am Schluß dieses Kapitels nicht enthaltene Zwischenwerte in der Nähe von 0 ⁰ (angewendet in § 7) und von 100 ⁰ (angewendet bei der Siedepunktsbestimmung der Thermometer Kap. III § 4) sollen hier noch angegeben werden:

Temperatur ⁰ . .	+ 1	2	3	4	5	6	7	8	9	10	11	12	13	14
Druck mm Hg . .	4,9	5,3	5,7	6,1	6,5	7,0	7,5	8,0	8,6	9,2	9,8	10,5	11,2	12,0

Druck mm Hg . .	680	685	690	695	700	705	710	715
Temperatur ⁰ . .	96,92	97,12	97,32	97,52	97,71	97,91	98,11	98,30

Druck mm Hg . .	720	725	730	735	740	745	750	755	760
Temperatur ⁰ . .	98,49	98,69	98,88	99,07	99,26	99,44	99,63	99,82	100,00

Druck mm Hg . .	765	770	775	780	785	790	795	800
Temperatur ⁰ . .	100,18	100.37	100,55	100,73	100,91	101,09	101,26	101,44

Aufgabe 24. Ein Dampfkesselmanometer zeigt $9^{atm.\,Übd.}$ an. Der Barometerstand ist $761{,}2^{mm}$. Wie groß ist die Dampftemperatur? — Die absolute Dampfspannung ist:

$$p = 9 + \frac{761{,}2}{735{,}5} = 10{,}035^{atm.\,abs.}$$

Wir entnehmen aus der Tabelle (Interpolation):

$$\begin{array}{lll} \text{Für } 11^{atm.\,abs.} & \ldots & t = 183{,}1^0 \\ \text{„ } 10 \text{ „ „} & \ldots & t = 178{,}9^0 \\ \hline \text{Für } 1^{atm.\,abs.} & \ldots & \text{Diff.} = 4{,}2^0 \end{array}$$

Somit: $t = 178{,}9 + 0{,}035 \cdot 4{,}2 = \sim \mathbf{179{,}05}^0$.

§ 2. Überhitzung, kritische Temperatur, Kondensation, Gasverflüssigung. Die im vorigen Paragraphen entwickelten Beziehungen und das Wesen der Überhitzung lassen sich am besten an Hand des Schaubildes Fig. 49 erörtern. In das (nicht maßstäblich gezeichnete) Druck-Volumen-Diagramm ist eine Anzahl von Isothermen für die absoluten Temperaturen T_1, T_2 usw. eingetragen. In dem durch die Grenzkurve GKE eingeschlossenen Gebiet des nassen Dampfes bleibt der Druck mit der Temperatur konstant. Wir wissen aus § 1, daß hier jede isothermische Volumenverkleinerung eine teilweise Kondensation des Dampfes hervorbringt. Die Kondensation wird teils als Dampffeuchtigkeit (im Dampf schwebende Flüssigkeitsbläschen), teils als Niederschlag an den Gefäßwänden auftreten. Die spezifische Dampfmenge drücken wir in Teilen des Gesamtvolumens aus und nennen x den dampfförmigen, $y = 1 - x$ den flüssigen Anteil. Auf der unteren Grenzkurve GUK ist $x = 0$, $y = 1$, d. h. das ganze Volumen ist flüssig. Auf der oberen Grenzkurve KOE ist $x = 1$, $y = 0$, d. h. alle Flüssigkeit ist verdampft. In einem Punkt P der Isotherme für T_1, der die Strecke UO im Verhältnis 7:3 teilt, besteht das Volumen aus 70 % Dampf ($x = 0{,}7$) und 30 % Flüssigkeit.

Bei der Kompression über die untere Grenzkurve hinaus, also im vollkommen flüssigen Zustande, steigt der Druck sehr schnell an (Kompressibilität der Flüssigkeiten s. Mechanik Kap. VIII § 3).

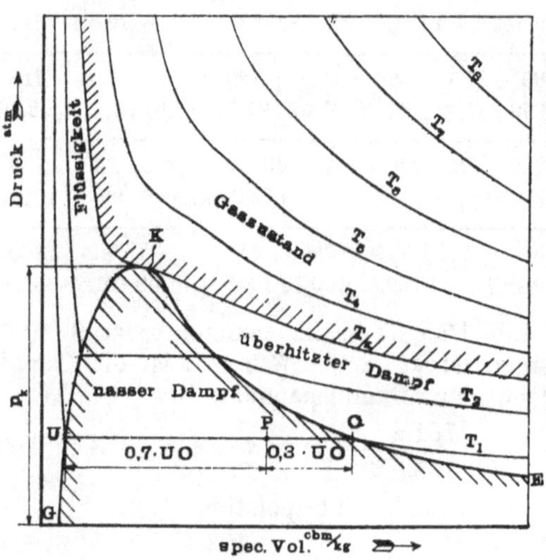

Fig. 49.

Bei der Volumenvergrößerung über die obere Grenzkurve hinaus nimmt der Druck des vollkommen trockenen Dampfes im Verlauf der Isotherme ab. Hier befinden wir uns im Überhitzungsgebiet.

Untere und obere Grenzkurve laufen im Punkte K zusammen. Eine Isotherme für die Temperatur T_k, die die Grenzkurve nicht mehr schneidet, sondern in K tangiert, führt demnach in keinem Punkte ihres Verlaufs in das Gebiet des nassen Dampfes hinein. Die Temperatur T_k, oberhalb derer auch bei noch so hohen Drucken keine Verflüssigung des Dampfes mehr eintritt, nennen wir die **kritische Temperatur**. Einen über die kritische Temperatur hinaus erhitzten Dampf nennen wir Gas. Je höher die Temperatur über die kritische hinausführt, desto näher gleicht der Verlauf der Isotherme dem der gleichseitigen Hyperbel, desto genauer folgt ein Gas dem Mariotteschen Gesetz, desto mehr entspricht sein Verhalten dem eines idealen oder vollkommenen Gases. Ehe es gelungen war, alle Gase zu verflüssigen, bezeichnete man diejenigen, bei denen das nicht gelang, als **permanente Gase**. Heute weiß man, daß alle Gase hoch überhitzte Dämpfe sind und daß bei genügender Abkühlung, d. h. unter die kritische Temperatur und bei genügendem Druck p_k, der sich aus der Darstellung Fig. 49 ergibt (falls diese maßstäblich aufgezeichnet wird), jedes Gas sich verflüssigen läßt. In der folgenden Tafel sind die kritischen Temperaturen t_k und die zugehörigen Verflüssigungsdrucke p_k sowie die Siedepunkte t_s bei 760^{mm} Hg für eine Anzahl von Gasen angegeben.

	$t_k{}^0$	$p_k{}^{atm.}$	$t_s{}^0$		$t_k{}^0$	$p_k{}^{atm.}$	$t_s{}^0$
Äther . . .	+ 192	38	+ 35	Luft . . .	— 140	40,4	— 191
Alkohol . .	+ 238	67	+ 78	Sauerstoff .	— 118	60	— 183
Ammoniak .	+ 130	115	— 33	Schwefl. Säure	+ 156	81	— 10
Helium . .	— 268	2,3	— 270	Stickstoff .	— 149	29	— 196
Kohlenoxyd .	— 140	36	— 190	Wasserdampf	+ 365	205	+ 100
Kohlensäure .	+ 31	75	— 79	Wasserstoff .	— 238	16	— 253

Der Umstand, daß der Wasserstoff für normale Temperaturen sich sehr weit über dem kritischen Zustand befindet, ergibt mit Beachtung der Fig. 49 den Grund, warum man das Wasserstoff-Gasthermometer als Normalinstrument verwendet: Hier herrschen für normale Temperaturen das Mariottesche und das Gay-Lussacsche Gesetz am genauesten! — Bei der Verdampfung des flüssigen Heliums wurde die Temperatur -270^0 erreicht, die also nur 3^0 über dem absoluten Nullpunkt liegt. Wenn wir uns aber erinnern, daß der Begriff der absoluten Temperatur die vollkommene Gültigkeit des Mariotteschen Gesetzes zur Voraussetzung hatte (Kap. III § 3), so ergibt Fig. 49 die Einschränkung der Bedeutung dieses Begriffes: In der Nähe des kritischen Zustandes aller Stoffe, also auch des Heliums, treten starke Abweichungen von der gleichseitigen

Hyperbel des Mariotteschen Gesetzes auf. (Jene tiefen Temperaturen können nur noch mit Hilfe eines Thermoelementes gemessen werden.)

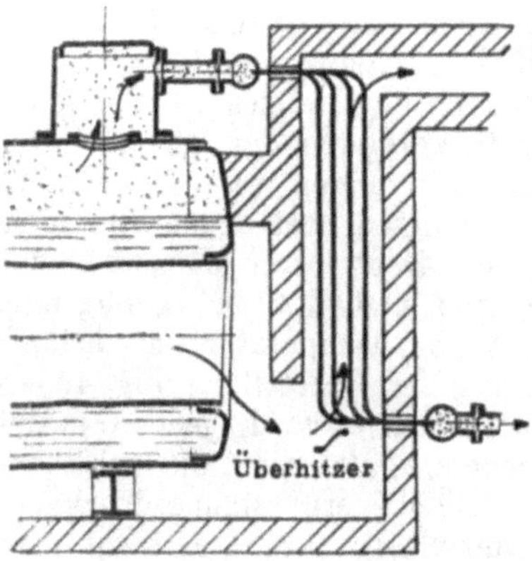

Fig. 50.

Überhitzung. In den Überhitzern unserer Dampfkessel wird die Überhitzung nicht, wie in § 1 erörtert, durch Volumenvergrößerung bei konstanter Temperatur, sondern durch Temperaturerhöhung bei konstantem Druck erreicht. Man läßt den Dampf nach Verlassen des Kessels durch ein System von engen Röhren strömen, die von außen von den Verbrennungsgasen der Feuerung umspült werden (Fig. 50). Hat z. B. Dampf von $10^{atm. abs.}$ hierbei eine Temperatur von 200 ^{0} C (bei $735{,}5^{mm}$ Barometerstand) erreicht, so ist er um $200 - 178{,}9^0 = 21{,}1^0$ überhitzt (s. Tabelle des gesättigten Wasserdampfes am Schlusse des Kapitels). Der Nutzen der Überhitzung besteht weniger in dem Vorteil höherer Anfangstemperatur des Arbeitsprozesses und damit höheren thermischen Wirkungsgrades (Gl. 40^c) als vielmehr in dem Umstande, daß der Dampf trocken, d. h. ohne Kondensationsverlust an die Maschine gelangt. Damit (abgesehen von anderen Vorteilen) entfällt die Notwendigkeit der Mantelheizung.

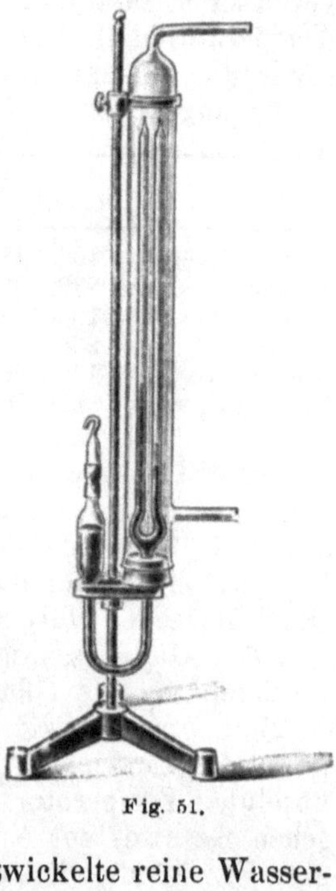

Fig. 51.

Der Siedepunkt einer Lösung liegt höher als der des reinen Lösungsmittels. Der aus einer wässerigen Salzlösung entwickelte reine Wasserdampf hat also bei 100 ^{0} eine geringere Spannung als 760^{mm} Hg, ist also überhitzt. Die Spannungsverhältnisse der Salzlösungen lassen sich mittels des Apparates Fig. 51 zeigen. In dem einen der luftleeren geschlossenen Schenkel befindet sich die zu untersuchende Salzlösung, in dem andern reines Wasser. Leitet man Wasserdampf durch den Mantelraum, so steht der Quecksilberspiegel im wassergefüllten Rohr mit dem freien Spiegel im weiten Schenkel auf gleicher Höhe; im Rohr mit der Salzlösung steht er höher.

Kondensation. Die Kondensationsanlagen der Dampfmaschinen bezwecken: Steigerung der aus dem Dampf zu gewinnenden mechanischen Arbeit durch Anwendung eines unter der Atmosphäre liegenden Gegendruckes. Ihre Wirkung beruht auf der Abkühlung des der Maschine entströmenden Dampfes mittels Kühlwassers. Beim Mischkondensator (Fig. 52) kommen Dampf und Kühlwasser in unmittelbare Berührung. Bei der skizzierten Konstruktion wird das Kondensat durch die ca. 13^m hohe Fallröhre abgeführt[1]). Beim Oberflächenkondensator (Fig. 53) erfolgt die Abkühlung durch Rohrwände hindurch. Das Kühlwasser durchströmt hier die Röhren, die der Dampf von außen umspült. Jeder Kondensator bedarf einer Luftpumpe, um die durch Undichtigkeiten der Rohrleitung usw. in den Kondensator hineingelangende Luft zu beseitigen. Bei guten Anlagen läßt sich ein Vakuum von 90—95 % erzielen (s. Mech. S. 11).

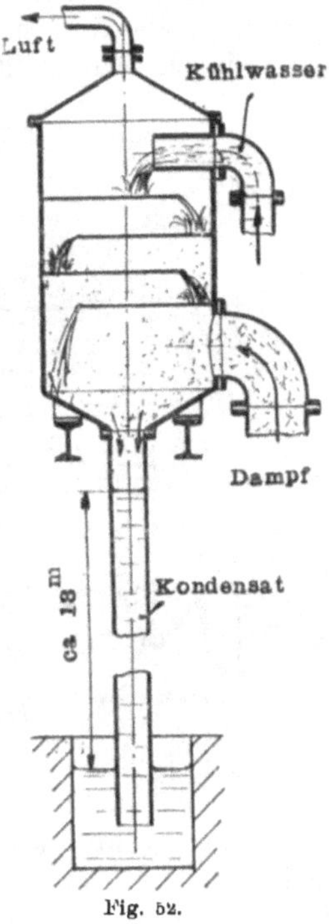

Fig. 52.

Verflüssigung der Gase. Die Erscheinung der kritischen Temperatur wurde von Andrews entdeckt, als er die Isothermen für Kohlensäure nach Fig. 49 experimentell bestimmen wollte. — Bei manchen Stoffen, z. B. Kohlensäure, schwefliger Säure, läßt sich das Eintreten der kritischen Temperatur sichtbar

[1]) Die Maßlinie in Fig. 52 soll sich auf die Fallröhre, nicht auf die Flüssigkeitssäule beziehen. Die Größe der letzteren hängt ab von der Temperatur des abzuführenden Wassers (s. § 1 und Tabelle am Schluß des Kapitels).

machen, indem man einen zugeschmolzenen Glaskolben, der die zu untersuchende Flüssigkeit enthält, in einem Luftbad erwärmt (Vorsicht!). Kurz vor dem Erreichen der kritischen Temperatur tritt ein Aufwallen ein und darauf verschwindet die Flüssigkeit plötzlich. Während der Abkühlung erscheint bei der kritischen Temperatur die Flüssigkeit wieder. Die Verflüssigung der Gase, deren Temperatur nicht zu tief liegt, gelingt mittels der Kompressionspumpe (Fig. 125 d. Mech.), in deren Kolben G das zu verflüssigende Gas sich befindet. Die erforderliche Abkühlung wird durch Anwendung einer Kältemischung erreicht. Viel

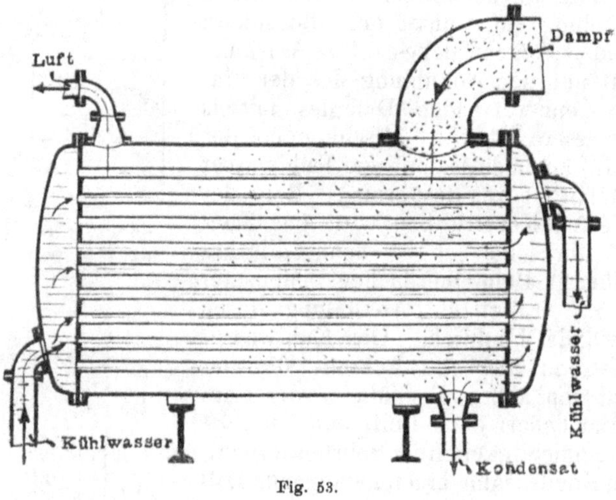

Fig. 53.

tiefere Temperaturen, als sie durch Kältemischungen erreichbar sind, erzielten Pictet, v. Wroblewsky und andere, indem sie Stoffe, deren Verflüssigung mittels Abkühlung unter hohem Druck gelungen war, unter vermindertem Druck verdampfen ließen. Die der Flüssigkeit selbst entzogene Verdampfungswärme verursacht eine bedeutende Abkühlung. So gelangte man durch stufenweise Anwendung verschiedener Stoffe, deren jeder wieder als Kühlflüssigkeit für den nächsten Stoff (mit der nächst niedrigeren kritischen Temperatur) diente, zu sehr tiefen Temperaturen und es gelang die Verflüssigung der meisten Gase.

Weit erfolgreicher vor allem bezüglich der gewonnenen Mengen der flüssigen Gase und weit gefahrloser, weil nicht so hohe Drucke zur Anwendung kommen, ist das **Lindesche** Verfahren geworden, bei dem die Abkühlung des Gases selbst, die bei der Ausdehnung infolge innerer Arbeitsleistung eintritt, zur Erreichung tiefer Temperaturen und zur Verflüssigung bei normalem Druck (Siedepunktstemperatur) benutzt wird. Der Lindesche Apparat zur Verflüssigung der Luft Fig. 54 besteht aus einem Kompressor C, aus dem die zusammengepreßte und

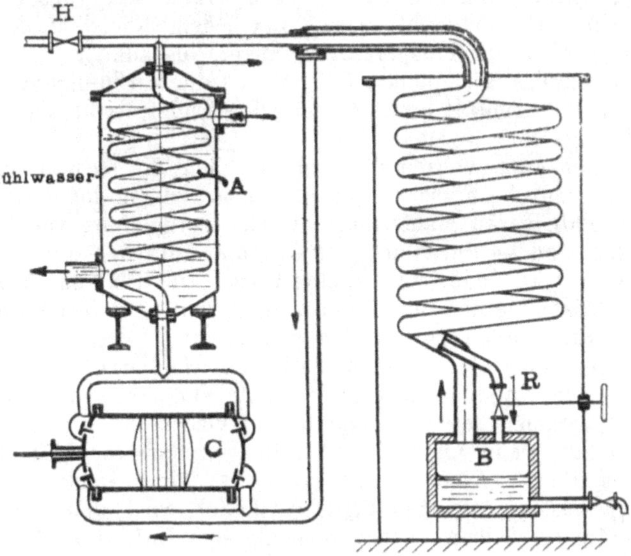

Fig. 54.

dadurch erwärmte Luft zunächst in den Kühler A strömt, in dem sie ein von außen mittels Wassers gekühltes Schlangenrohr durchstreicht. Die gekühlte Luft strömt nun durch das innere der beiden ineinander steckenden Schlangenrohre dem Regulierventil R zu, aus dem sie in dem Behälter B hinein expandiert. Hierbei tritt eine Abkühlung ein, deren Größe nach (schon früher angestellten) Versuchen ist:

für Luft: $t_1 - t_2{}^0 = 0{,}27^{0/atm} \cdot (p_1 - p_2)^{atm.}$ .... *Gl. 50*[a]
für Kohlensäure: $= 1{,}35 \cdot (p_1 - p_2)$ .... *Gl. 50*[b]
für Wasserdampf: $= 3{,}4 \cdot (p_1 - p_2)$ .... *Gl. 50*[c]

Hierin ist p_1^{atm} der Druck vor dem Regulierventil, p_2 dahinter. Die somit hinter dem Regulierventil bedeutend abgekühlte Luft strömt nun durch den Raum zwischen den beiden in einander steckenden Rohrschlangen hindurch dem Kompressor wieder zu, wo sie aufs neue komprimiert wird und nun unter geringerer Temperatur als beim ersten Mal dem Kühler und dann dem Regulierventil zuströmt. Der Vorgang wird wesentlich unterstützt durch die Kühlwirkung der aus B abströmenden Luft, durch die die im inneren Rohr zuströmende Luft im Gegenstrom nahezu auf die Temperatur der vorher expandierten Luft abgekühlt wird. Bei jedem Kreislauf der Luftmenge wird die Temperatur geringer, bis zuletzt beim Unterschreiten des Siedepunkts (— 191° C) die Verflüssigung eintritt. Durch den Hahn H kann bei fortschreitender Verflüssigung neue Luft zugeführt werden.

Zum Aufbewahren flüssiger Luft dient die Dewarsche oder Weinholdsche Flasche. Sie besteht aus einem doppelwandigen Glasgefäß, deren Mantelraum zwecks Vermeidung von Wärmeleitung und — Strahlung luftleer und auf den einander zugekehrten Innenflächen versilbert ist. Die Flasche darf nicht geschlossen werden, da sie sonst durch den entstehenden inneren Überdruck zersprengt werden würde.

Die mit Hilfe der flüssigen Luft erreichbaren tiefen Temperaturen gestatten manche interessante Versuche, von denen hier einige genannt seien: Gummi und Pflanzenstoffe werden spröde wie Glas, wenn man sie mit Hilfe von flüssiger Luft abkühlt. Quecksilber gefriert in diesem Falle; eine Glocke aus Blei klingt als sei sie aus Stahl. Alkohol wird dickflüssig und kristallisiert leicht. Gießt man flüssige Luft auf Wasser, so schwimmt sie zunächst oben. Da der Stickstoff schneller verdampft als der Sauerstoff, so vergrößert sich das spezifische Gewicht des Tropfens und dieser sinkt bald unter. Starke Gasbildung treibt ihn dann immer wieder an die Oberfläche. Hier bildet der infolge der Abkühlung kondensierende Wasserdampf starke Nebel. Das schnellere Verdampfen des Stickstoffs wird in besonders konstruierten Apparaten zur Trennung von Stickstoff und Sauerstoff benutzt.

§ 3. Dampfdichte, spezifisches Gewicht und Volumen. Als Dampfdichte oder relative Dichte bezeichnet man das Verhältnis $G_D : G_L$ eines Dampfgewichtes G_D zu dem Gewicht G_L

eines gleich großen Volumens **Luft** von gleicher Temperatur und Spannung. Nach Gl. 11[a] ist:

$$G_L^{kg} = V_0^{cbm} \cdot \gamma^{kg/cbm} = \frac{p_t \cdot V_t \cdot 1{,}293}{760 \cdot \left(1 + \frac{t}{273}\right)}$$

Zur Bestimmung der Dampfdichte (deren Kenntnis vor allem für den Chemiker wichtig ist) bedürfen wir also zusammengehöriger Werte von G_D, p_t, V_t und t. Mittels der Methode von Gay-Lussac lassen sich diese Werte in folgender Weise bestimmen. Ein abgewogenes Gewicht G_D der zu verdampfenden Flüssigkeit wird in einen Glaskolben eingeschmolzen und mit diesem in die kubizierte Röhre R (Fig. 55) hineingebracht, die ganz mit Quecksilber gefüllt oder (bei dem von Hofmann ungeänderten Apparat) im oberen Teil leer (luftleer) ist. Den Mantelraum M durchströmt Wasser — oder Anilindampf (der Siedepunkt des letzteren liegt bei + 183°). Infolge der Ausdehnung der in das Glaskölbchen eingeschmolzenen Flüssigkeit springt dieses.

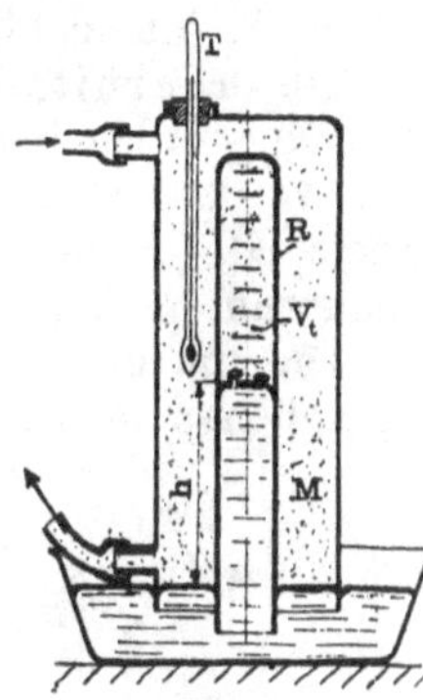

Fig. 55.

Alle Flüssigkeit verdampft und wir lesen ab: p_t = Barometerstand — h; V_t (mittels der Volumenteilung auf R); t (mittels des Thermometers T).

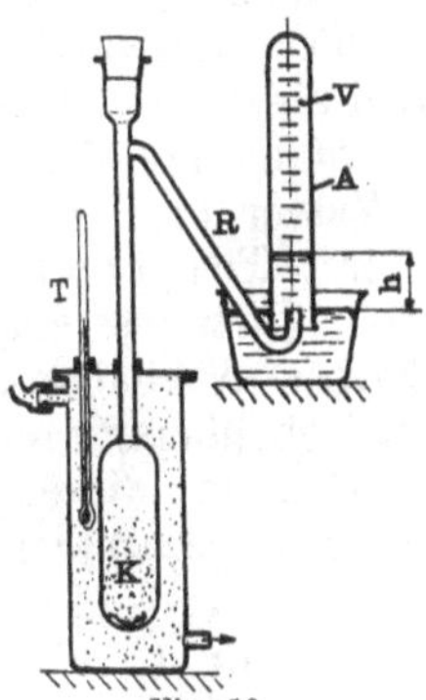

Fig. 56.

Victor Meyers Methode zur Bestimmung der Dampfdichte ist aus Fig. 56 und dem folgenden ersichtlich: Der Kolben K, der je nach den in Frage kommenden Temperaturen aus Glas, Porzellan oder Platin besteht, wird zunächst so weit erhitzt, daß ein Beharrungszustand eintritt, d. h. daß die Luft in K sich nicht weiter ausdehnt. Nun wird eine abgewogene Flüssigkeitsmenge G_D in zugeschmolzenem Glaskölbchen in K hineingebracht und gleichzeitig die Ansatzröhre R unter die kubizierte Auffangsröhre A gebracht, die mit Quecksilber ganz gefüllt ist. Durch den nach dem Platzen des Glaskölbchens sich bildenden Dampf wird eine dem Volumen nach dem Dampfvolumen V_t gleiche Luftmenge nach A gedrängt, die mittels der Volumenteilung gemessen wird, während der sich bildende Dampf selbst infolge seines größeren spezifischen Gewichts in K bleibt. Steht das Ende der Röhre R auf der Höhe des freien Quecksilberspiegels, so ist der Druck in K konstant gleich dem Barometerstande. Der gesuchte Druck p_t ist wieder gleich Barometerstand — h; t ist die Siedetemperatur des verwendeten Heizdampfes bzw. die Temperatur des Heizraumes, in den zur Erzielung hoher Dampftemperaturen der Kolben K hineingebracht wird.

Da überhitzte Dämpfe dem Gasgesetz Gl. 13 umso genauer folgen, je höher sie über die Sättigungstemperatur überhitzt werden (ebenso wie die zum Vergleich dienende Luft dem Gesetz Gl. 13 annähernd folgt), so ist hier die Dampfdichte annähernd unabhängig von Druck und Temperatur.

Die in der Wasserdampftabelle am Ende dieses Kapitels angegebenen Werte des spezifischen Gewichts $\gamma^{kg/cbm}$ und des spezifischen Volumens $v^{cbm/kg}$ wurden mittels eines Apparats gewonnen, dessen Prinzip aus Fig. 57 hervorgeht. (Siehe auch: Z. des Vereins Deutscher Ingenieure 1905 S. 1699). Im Ballon B von bekanntem Volumen befindet sich eine abgewogene Menge Wasser, die durch den den Ballon umspülenden Heizdampf nach und nach vollständig verdampft wird. So lange noch Wasser in B ist, also außer diesem gesättigter Wasserdampf, wird dieser gleichen Druck haben wie der ebenfalls gesättigte Heizdampf. Sobald alles Wasser in B verdampft ist, tritt bei weiterer Temperatursteigerung Überhitzung des in B abgesperrten Dampfes ein, während der Heizdampf gesättigt bleibt. Dieser Augenblick gibt sich dadurch zu erkennen, daß der Quecksilberspiegel in S unter den in A zu sinken beginnt. Das in diesem Augenblicke vorhandene Volumen V_t des trockenen gesättigten Dampfes in B wird mit Hilfe einer Volumenteilung auf S abgelesen, der zugehörige absolute Druck p_t ergibt sich: Barometerstand + h. Die Temperatur t wird mittels des Thermometers T bestimmt. Wir können aus diesen Daten für jeden Druck bzw. jede Sättigungstemperatur berechnen:

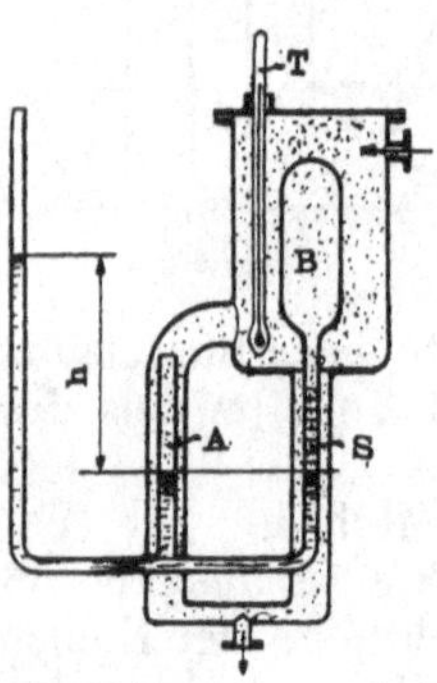

Fig. 57.

Das spezifische Gewicht:

$$\gamma^{kg/cbm} = \frac{G^{kg}}{V^{cbm}} \quad \ldots\ldots\ldots\ldots\ldots\ldots \quad Gl.\ 51^a$$

Das spezifische Volumen:

$$v^{cbm/kg} = \frac{V^{cbm}}{G^{kg}} = \frac{1}{\gamma} \quad \ldots\ldots\ldots\ldots \quad Gl.\ 51^b$$

Siehe Dampftabelle und Fig. 58.

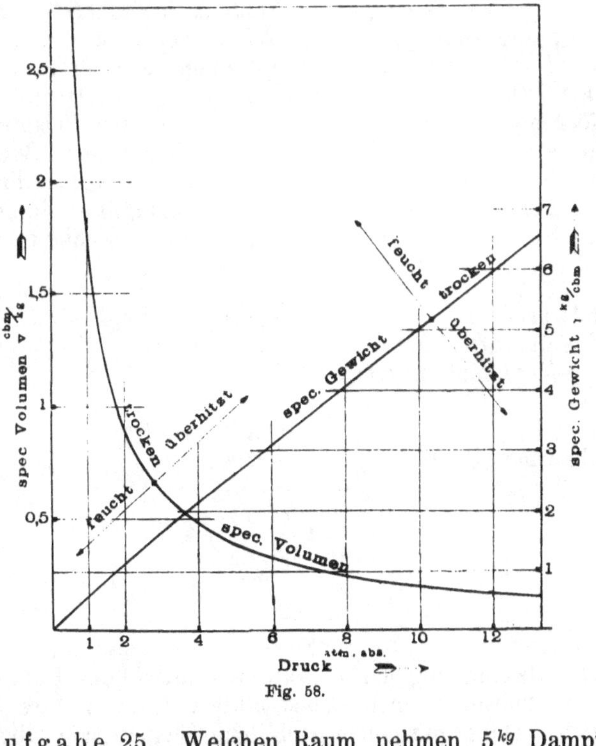

Fig. 58.

Aufgabe 25. Welchen Raum nehmen 5^{kg} Dampf von $9^{atm.\,Übd.}$ (bei $761{,}2^{mm}$ Luftdruck) und 8% Feuchtigkeit ein? — Nach Aufgabe 24 ist der Druck: $10{,}035^{atm.\,abs.}$ Das spezifische Volumen für diesen Druck folgt durch Interpolation:

Für $10^{atm.\,abs.}$	…………	$v = 0{,}1993^{cbm/kg}$
„ 11 „ „	…………	$v = 0{,}1822$ „
Für 1 „ „	…………	Diff. $= 0{,}0171$ „

$$v = 0{,}1993 - 0{,}035 \cdot 0{,}0171 = 0{,}1987^{cbm/kg}$$

Mit $x = 1 - 0{,}08 = 0{,}92$ und Vernachlässigung des Wasservolumens folgt daraus:

$$V = 0{,}1987 \cdot 0{,}92 \cdot 5 = \mathbf{0{,}91402}^{cbm}$$

§ 4. Wärmeverhältnisse. Für die technische Verwendung der Dämpfe ist die Kenntnis ihrer Wärmeverhältnisse von großer Wichtigkeit. Einen guten Überblick gewährt uns hier die Betrachtung der Zahlenwerte in der Tafel am Schluß dieses Kapitels, deren Ermittelung nach den im folgenden angedeuteten Verfahren erfolgte und deren Zusammenhang aus der folgenden Übersicht und den angeführten Beispielen am besten erkennbar wird. (Die eingeklammerten Buchstaben geben die von Mollier gewählten Bezeichnungen; durch die Ausdehnung der Flüssigkeit werden belanglose Unterschiede in den diesen Bezeichnungen entsprechenden Zahlenwerten bedingt.)

Gesamtwärme λ $(\sim = i'')$
Flüssigkeitswärme q $(\sim = i' = \sim u')$
Gesamte Verdampfungswärme r
Innere " ϱ
Äußere " $\psi = A^{Cal/mkg} \cdot p^{kg/qm} \cdot (v - 0{,}001)^{cbm/kg}$
Dampfwärme (Energie) U $(\sim = u'')$

$$\overbrace{q + \overbrace{r}^{}}^{\lambda} \qquad \underbrace{q + \varrho}_{U} \qquad r = \varrho + \psi$$

Die Bestimmung der Gesamtwärme λ des Dampfes gelingt für atmosphärischen Druck mittels des Apparates Fig. 28. Regnault stellte mit einem nach demselben Prinzip arbeitenden Apparat Versuche im großen Stile an. Es gelang ihm auch die Versuche für höhere Drucke durchzuführen. Die Grundlage dieser Versuche wird erkennbar, wenn wir uns in Fig. 28 das aus R ins Freie mündende Rohr an einen Behälter mit Druckluft angeschlossen denken, mittels dessen in dem ganzen Gefäß ein bestimmter Druck eingestellt werden kann. Die Werte für Drucke unter $1^{atm.\,abs.}$ wurden von Regnault ermittelt, indem er innerhalb eines Kalorimeters ein bestimmtes Gewicht Flüssigkeit zum Verdampfen brachte, dessen Wärmeaufnahme aus der Abkühlung des Kalorimeters bestimmt wurde.

Die Flüssigkeitswärme q ist aufzuwenden, um 1^{kg} Wasser von 0^0 auf t^0 zu erwärmen. Wäre die spezifische Wärme des Wassers konstant $= 1$, so würde q dem Zahlenwerte nach genau gleich t sein. Tatsächlich zeigt die Tabelle mit der Temperatur zunehmende geringe Abweichungen. Die bezüglichen Versuche wurden von Dieterici mit Hilfe des Bunsenschen Eiskalorimeters (Kap. V § 2) ausgeführt, in das eine in ein Quarzrohr eingeschmolzene und auf eine bestimmte Temperatur erwärmte Menge Wasser hineingebracht wurde. Die Flüssigkeitswärme des Wassergewichts (von 0^0 an gerechnet) ergab sich als Differenz zwischen der gesamten dem Kalorimeter zugeführten und der zur Abkühlung des Quarzrohres abzuführenden Wärme. Letztere mußte durch einen Parallelversuch besonders bestimmt werden. Glaskolben konnten bei diesen Versuchen nicht verwandt werden, da sie zerspringen würden. Gl. 15 wurde von Dieterici auf Grund der vorstehend angedeuteten Versuche aufgestellt.

Die Verdampfungswärme ergibt sich aus der zunächst ermittelten Gesamtwärme, indem man von dieser die Flüssigkeitswärme abzieht: $r = \lambda - q$. Beispiel (s. Tabelle): Für $p = 4^{atm.\,abs.}$ wird $r = 655{,}4 - 144{,}2 = 511{,}2$.

Unmittelbare Bestimmung der Verdampfungswärme führte Henning durch, indem er Wasser mittels elektrischer Heizung zum Verdampfen brachte; aus der aufgewandten elektrischen Energie und dem Gewicht des verdampften Wassers ließ sich dann r berechnen.

Die Verdampfungswärme r setzt sich aus zwei Bestandteilen zusammen: Die innere Verdampfungswärme ϱ wird bei der Änderung des Aggregatzustandes zur Lösung des molekularen Zusammenhanges verwandt, die äußere Verdampfungswärme $\psi = A \cdot p \cdot (v - 0{,}001)^{Cal/kg}$ zur Überwindung des auf der Wasseroberfläche lastenden Druckes, d. h. zur Arbeitsleistung der Raumvergrößerung während der Verdampfung. ($v^{cbm/kg}$ = spez. Dampfvolumen, $0{,}001^{cbm/kg}$ = spez. Wasservolumen $\sim$ = konst.) Beispiel: Für $p = 4^{atm.\,abs.}$:

$$\psi = \tfrac{1}{427}{}^{Cal/mkg} \cdot 40\,000^{kg/qm} \cdot (0{,}4708 - 0{,}001)^{cbm/kg} = 44{,}01$$

Bei 100° ist das spez. Dampfvolumen gleich dem 1670fachen spez. Wasservolumen.

Die äußere Verdampfungswärme ist als Wärme verschwunden; die im Dampf noch vorhandene Energie U, die „Dampfwärme, ergibt sich somit zu: $U = \lambda - A \cdot p \cdot (v - 0{,}001)$. Beispiel: Für $4^{atm. abs.}$ wird: $U = 655{,}4 - 44{,}01 = 611{,}39$.

In Fig. 46 sind die aus obigem Schema sich ergebenden Beziehungen mit den Zahlenwerten der Tabelle graphisch aufgetragen. Aus dieser Darstellung ergibt sich, daß Verdampfungswärme r und die Gesamtwärme λ des Dampfes desto langsamer ansteigen, je höher die Temperatur des Dampfes ist, d. h. die Erzeugung von Dampf hoher Spannung und Temperatur erfordert nur wenig mehr Wärme, als für niedrige Spannungen aufzuwenden ist. Man verwendet daher in den Dampfmaschinen möglichst hohe Spannungen.

Aufgabe 26. Eine Dampfmaschine von 90^{PS} gebraucht $8{,}5^{kg/PS\text{-}Stde}$ Dampf von $p = 7^{atm. Üбd.}$, Speisewassertemperatur: 20°. a) Wieviel Wärmeeinheiten sind stündlich aufzuwenden? b) Wieviel ^{kg} Kohle von $6000^{Cal/kg}$ Heizwert werden bei einem Wirkungsgrad des Kessels von $\eta_k = 0{,}7$ verbraucht?

a) Das stündlich zu erzeugende Dampfgewicht beträgt: $90^{PS} \cdot 8{,}5^{kg/PS\text{-}Stde} = 765^{kgStde}$. Für $p = 8^{atm. abs.}$ (Barometerstand $= 735{,}5^{mm}$ angenommen) beträgt die Gesamtwärme: $\lambda = 663{,}5^{Cal/kg}$. Da jedes ^{kg} Speisewasser 20^{Cal} enthält, so ergibt sich der gesamte Wärmeverbrauch:

$$765^{kg/Stde} \cdot (663{,}5 - 20)^{Cal/kg} = \mathbf{492\,277{,}5}^{Cal/Stde}$$

b) Der Brennstoffverbrauch ergibt sich aus:

$$x^{kg/Stde} \cdot 0{,}7 \cdot 6000^{Cal/kg} = 492\,277{,}5^{Cal/Stde}; \quad x = \sim \mathbf{117}^{kg/Stde}$$

Wäre die Speisewassertemperatur = 81°, so wären pro ^{kg} Dampf nur aufzuwenden: $663{,}5 - 81{,}2 = 582{,}3^{Cal/kg}$. Damit würde sich der Brennstoffverbrauch reduzieren auf: $117 \cdot \frac{582{,}3}{643{,}5} = \sim \mathbf{106}^{kg/Stde}$

Aufgabe 27. Eine Niederdruckdampfheizung soll stündlich $50\,000^{Cal}$ abgeben. Der Druck ist $0{,}2^{atm. Übd.}$, das niedergeschlagene Wasser läuft dem Kessel mit 93° C wieder zu. Wieviel ^{kg} Dampf sind pro Stnnde zu erzeugen? — Nehmen wir einen mittleren Barometerstand von $735{,}5^{mm}$ an, so ist der absolute Druck: $p = 1{,}2^{atm. abs.}$ und die Verdampfungswärme bzw. Verflüssigungswärme $r = 536{,}5^{Cal/kg}$. Jedes ^{kg} Niederschlagswasser gibt außerdem ab: 104,8 — 93,5 = 11,3 ^{Cal}. Somit ergibt sich das erforderliche stündliche Dampfgewicht:

$$x^{kg/Stde} = \frac{50000^{Cal/Stde}}{(536{,}5 + 11{,}3)^{Cal/kg}} = \sim 91{,}2^{kg/Stde}$$

Die Kenntnis der **Entropie** des Dampfes ist für die Lösung mancher Aufgaben unentbehrlich. Die in der Tabelle angegebenen Werte der Entropie ergeben sich durch Rechnung in folgender Weise: Setzen wir die Entropie des Wassers von 0^0 C = 0, so setzt sich die Entropie S des gesättigten Wasserdampfes von T^0 abs. zusammen aus dem bei der Erwärmung des Wassers von 273^0 auf T^0 abs. erfolgenden Entropiezuwachs S_1 und dem der Verdampfungswärme r entsprechenden Entropiezuwachs S_2. Der Wert von S_1 ergibt sich aus Gl. 42, wenn wir setzen: $dQ = c \cdot dt$ und $c =$ konst. $= 1$:

$$\int_0^S dS_1 = \int_{273}^T \frac{dT}{T}$$

$$S_1^{Cal/kg.o} = ln \frac{T}{273} = 2{,}3026 \cdot log \frac{T}{273} \quad \ldots\ldots\ldots \quad Gl.\ 52$$

Da c in Wirklichkeit nicht konstant ist, weichen die Werte S_1 der Tabelle, bei deren Berechnung Gl. 15 berücksichtigt ist, von den aus Gl. 52 sich ergebenden Werten um ein geringes ab. Z. B. für $T = 424^0$ abs. ($p = 5^{atm.\,abs.}$) ergibt Gl. 52: $S_1 = 0{,}44026$ gegen 0,4442 der Tabelle.

Die Entropievermehrung S_2 für die Verdampfung ergibt sich unmittelbar aus Gl. 42 mit der für T^0 abs. aus der Tabelle zu entnehmenden Verdampfungswärme r:

$$S_2^{Cal/kg.o} = \int \frac{dQ}{T} = \frac{r}{T} \quad \ldots\ldots\ldots\ldots\ldots\ldots\ldots \quad Gl.\ 53$$

Der Vorgang der Überhitzung erfolgt bei konstantem Druck. Für die Überhitzung auf T_2^0 abs. ergibt somit Gl. 46 den Entropiezuwachs:

$$S_3^{Cal/kg.o} = c_p . ln \frac{T_2}{T_1} = 2{,}3026 \cdot c_p \cdot log \frac{T_2}{T_1} \quad \ldots\ldots\ldots \quad Gl.\ 54$$

Die wahren Werte fallen auch hier anders aus, da c_p nicht konstant ist.

In dem **T-S-Diagramm** (Fig. 59) ist die absolute Temperatur des Wasserdampfes als Funktion der Entropie aufgetragen. Während die Temperatur bei der Erwärmung des Wassers von 273° abs. (0° C) auf T ansteigt, wächst die Entropie um S_1. Die unter der (angenäherten) logarithmischen

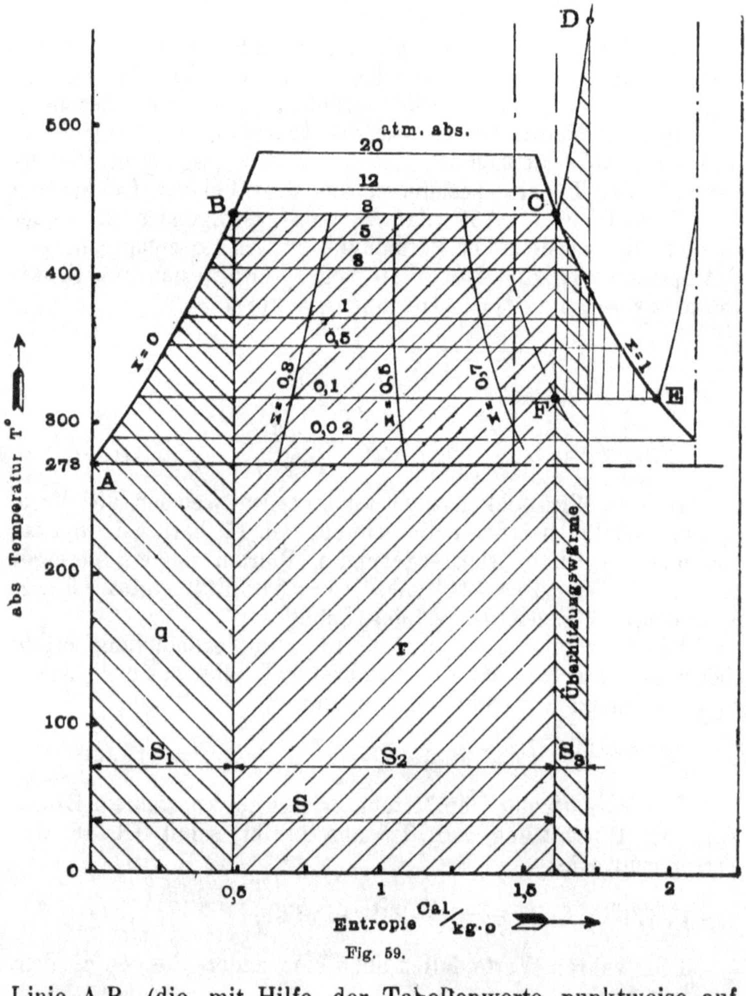

Fig. 59.

Linie A B, (die mit Hilfe der Tabellenwerte punktweise aufgetragen ist,) liegende für $p = 8^{atm. abs.}$ schraffierte Fläche gibt ein Maß für den Wärmeinhalt $i' = \sim q$ der Flüssigkeit. S_2

ergibt sich aus Gl. 53 bzw. aus der Tabelle. Während der Verdampfung bleibt T konstant, also verläuft B C isothermisch, d. h. wagerecht. Die unter B C liegende Fläche gibt ein Maß für r. Die (angenähert) logarithmische Linie C D für die Überhitzung ist wieder punktweise gemäß Gl. 54 aufgetragen. Die Überhitzungswärme ergibt sich wieder als Fläche unter C D. Als Maßstäbe sind gewählt: T-Achse: $1^{mm} = 5^0$ abs., S-Achse: $1^{mm} = \frac{1}{40} \cdot$ Entr.-Einheit$^{Cal/kg.o}$. Somit Flächenmaßstab:

$$1^{qmm} \quad 5^0 \cdot \frac{1}{40}^{Cal/kg.o} = \frac{1}{8}^{Cal/kg}$$

A B ist die untere Grenzkurve (entsprechend G U in Fig. 49) C E ist die obere Grenzkurve (O E in Fig. 49). Auf A B ist Alles flüssig, also die spezifische Dampfmenge $x = 0$ (s. § 2) auf C E Alles verdampft, also $x = 1$. Da die Verdampfung proportional den zugeführten, durch Rechtecksflächen dargestellten Wärmemengen erfolgt, so erhalten wir Kurven gleicher Feuchtigkeit, wenn wir verschiedenen Temperaturen entsprechende Strecken B C in je eine Anzahl gleicher Teile teilen und entsprechende Teilpunkte miteinander verbinden. Eine Adiabate wird gemäß Gl. 49 durch eine senkrechte Gerade dargestellt. Die Adiabate C F führt aus dem trocken gesättigten Zustande von $p_1 = 8^{atm.\,abs.}$ in das Gebiet des nassen Dampfes hinein, d. h. ein Teil des Dampfes kondensiert während der adiabatischen Expansion. Aus einer im großen Maßstabe ausgeführten Entropietafel läßt sich nun unmittelbar ablesen, daß im Punkte F, d. h. bei Expansion auf $0{,}1^{atm.\,abs.}$ die spezifische Dampfmenge $x = 0{,}807$ wird. Welchen Wert dieses durch einfache Ablesung gewonnene Resultat besitzt, geht aus dem folgenden Beispiel hervor:

Aufgabe 28. Welche Wärmemenge wird einem ^{kg} Dampf von $8^{atm.\,abs.}$ entzogen und in mechanische Arbeit umgesetzt, wenn adiabatische Expansion bis auf $0{,}1^{atm.\,abs.}$ erfolgt?

Der Wärmeinhalt (Gesamtwärme λ_1) für $p = 8^{atm.\,abs.}$ ist nach Tabelle: $663{,}5^{Cal/kg}$. Nach der adiabatischen Expansion auf $p_2 = 0{,}1^{atm.\,abs.}$ setzt sich der Wärmeinhalt zusammen aus: (Siehe Übersichtsschema!)

$$\lambda_2^{Cal/kg} = q_2^{Cal/kg} + x_2 \cdot \varrho_2^{Cal/kg} + A^{Cal/mkg} \cdot p^{kg/qm} \cdot x_2 \cdot v_2^{cbm/kg}$$

Das ergibt mit den Werten der Tabelle und dem aus den T-S-Tafel abgelesenen Wert $x = 0{,}807$:

$$q_2 = \ldots\ldots\ldots\ldots\ldots\ldots\ldots\ldots\ldots\ldots\ldots\ldots\ldots\ldots 45,7$$
$$x_2 \cdot \varrho_2 = 0,807 \cdot 535,4 = \ldots\ldots\ldots\ldots\ldots\ldots 432,07$$
$$A \cdot p_2 \cdot x_2 \cdot v_2 = \frac{1000 \cdot 0,807 \cdot 14,92}{427} = \ldots\ldots\ldots 28,1$$
$$\overline{505,87}$$

Die dem Dampfe während der Expansion entzogene Wärmemenge ist somit:

$$Q^{Cal/kg} = \lambda_1 - \lambda_2 = 663,5 - 505,87 = \mathbf{157,63}^{Cal/kg}.$$

Diese Wärmemenge entspricht einer mechanischen Arbeit:

$$157,63^{Cal} \cdot 427^{mkg/Cal} = \mathbf{67308}^{mkg}.$$

Während bei der adiabatischen Expansion trockenen Dampfes eine teilweise Kondensation eintritt, findet bei sehr nassem Dampf, etwa von $x = 0,4$ abwärts, während der Expansion Verdampfen statt. Der Verlauf der Kurven gleicher Feuchtigkeit läßt das erkennen (Fig. 59). Adiabatische Kompression von C aus (senkrecht nach oben) führt in das Überhitzungsgebiet hinein. Soll die in Aufgabe 28 betrachtete Expansion nicht adiabatisch, sondern so vor sich gehn, daß der Dampf am Ende der Expansion noch trocken gesättigt ist, also längs der oberen Grenzkurve C E, so muß während der Expansion eine Wärmemenge zugeführt werden, deren Größe durch das senkrecht schraffierte Flächenstück C F E C gegeben ist.

Diese wenigen Beispiele lassen die große Bedeutung der Entropietafel erkennen. Die käuflichen Entropietafeln weisen meistens das durch die strichpunktierte Linie abgegrenzte Stück auf.

Zur Vermeidung der Unbequemlichkeit, daß bei Benutzung der T-S-Tafel die Ausmessung der Wärmeflächen mittels des Planimeters erfolgen muß, hat Mollier die Verwendung eines I-S-Diagrammes vorgeschlagen, in dem der Wärmeinhalt i'' ($\sim = \lambda$) als Funktion der Entropie aufgetragen ist. Hier erscheinen die Wärmemengen als Strecken, die unmittelbar mit dem Maßstab gemessen werden können. Siehe Mollier, Neue Tabellen und Diagramme für Wasserdampf, Springer 1906.

§ 5. Wärme und Strömungsenergie; Ausfluß. Strömt durch eine Öffnung in der Wand eines Gefäßes Flüssigkeit, Dampf oder Gas aus, so findet eine Umsetzung der in der Flüssigkeit usw. enthaltenen potentiellen Energie in kinetische Energie statt. Unter der Annahme, daß die Geschwindigkeit vor der Mündung, d. h. im Gefäß, 0 sei, erhalten wir für 1^{kg} Flüssigkeit die Gleichung (Mech. Gl. 29):

$$\frac{1^{kg}}{g^{m/sec^2}} \cdot \frac{w^{2\,m^2/sec^2}}{2} = L^{mkg} \text{ also:}$$

$$w^{m/sec} = \sqrt{2 \cdot g^{m/sec^2} \cdot L^{mkg/kg}} \ldots\ldots\ldots\ldots\ldots\ldots \text{Gl. 55}$$

Die Analogie zwischen dieser Gleichung und Gl. 35 (Mech.) wird sofort verständlich, wenn wir dem anstelle von L in letzterer Gleichung sich findenden Wert H^m (Druckhöhe) die Dimension geben: $H^{mkg/kg}$, d. h. H auffassen als Energiewert für 1^{kg} Flüssigkeit. Die Bedeutung von L wird aus Fig. 42 verständlich: Für tropfbar flüssige Stoffe ist $v = \text{konst.}$; es findet keine Expansion statt. Der Wert der umgewandelten mechanischen Energie ist dann:

$$L^{mkg/kg} = v_1^{cbm/kg} \cdot (p_1 - p_2)^{kg/qm}.$$

Dieser Wert ist in Fig. 42 durch die einfach senkrecht schraffierte Fläche dargestellt. Die Ausströmung gas- und dampfförmiger Körper erfolgt unter adiabatischer Expansion, indem die Wände der Ausflußmündung als wärmedicht gelten können. Hier kommt also eine Umwandlung von innerer Wärmeenergie in kinetische Energie hinzu. Die hierbei umgewandelte Energiemenge wird durch die einfach schräg schraffierte Fläche in Fig. 42 dargestellt.

Nennen wir λ_1 bzw. λ_2 den durch Temperatur und Druck bestimmten Wärmeinhalt eines ^{kg} vor bzw. hinter der Ausflußmündung, so erhalten wir mit der Annahme, daß $w_1 = 0$ sei: Erzeugte Geschwindigkeitsenergie = Abnahme der Wärmeenergie, also: $\frac{w_2^{2\,mkg/kg}}{2 \cdot g} = 427^{mkg/Cal} \cdot (\lambda_1 - \lambda_2)^{Cal/kg}$; daraus:

$$w^{m/sec} = 91{,}53 \cdot \sqrt{\lambda_1 - \lambda_2} \ldots\ldots\ldots\ldots\ldots\ldots \text{Gl. 56}$$

Aufgabe 29. Aus einem Raum mit $p_1 = 8^{atm.\,abs.}$ strömt trocken gesättigter Wasserdampf durch eine (richtig geformte) Ausflußmündung in einen Raum hinein, in dem $p_2 = 0{,}1^{atm.\,abs.}$ herrscht. Wie groß ist die erzielte Dampfgeschwindigkeit $w_2^{m/sec}$? — In Aufg. 28 ergab sich für die vorstehend angegebenen Daten das Wärmegefälle $\lambda_1 - \lambda_2 = 157{,}63^{Cal/kg}$. Damit ergibt Gl. 56:

$$w_2^{m/sec} = 91{,}53 \cdot \sqrt{157{,}63} = \mathbf{1149}^{m/sec}.$$

Aus der I-S-Tafel von Mollier ergeben sich die Werte w_2 gemäß Gl. 56 unmittelbar als Strecken.

In der vorstehenden Aufgabe wurde schon angedeutet, daß die Form der Ausflußöffnung eine Rolle spielt. Hat diese Öffnung die aus Fig. 60ᵃ ersichtliche Form, so stellt sich bei Versuchen heraus, daß die erreichte Geschwindigkeit w_2 bei weitem nicht den Wert der Gl. 56 erreicht. Die nicht in Geschwindigkeitsenergie umgesetzte aufgewandte Wärmeenergie verwandelt sich hierbei vielmehr in Energie in Gestalt von heftigen Schallschwingungen. Infolge dieses Umstandes waren die Versuche, die Strömungsenergie des Dampfes in Dampfturbinen nutzbar zu machen, lange Zeit erfolglos. De Laval fand in der nach Fig. 60ᵇ ausgebildeten Expansionsdüse das Mittel, um nahezu vollkommene Umwandlung der Energie zu erreichen. Als Ausflußmündung, die für die Berechnung des ausfließenden Dampfgewichts in Frage kommt, hat der Querschnitt f_m (Durchmesser d_m) zu gelten. An diesen schließt sich ein kegelförmiges Expansionsstück an, in dem der ausfließende Dampf weiter bis auf den Gegendruck expandiert, wobei die Geschwindigkeit bei richtiger Bemessung der Düse bis zum theoretischen Wert anwächst (abgesehen von der durch Reibungsverluste bedingten Verzögerung). — Aus Gl. 32 ergibt sich die bei der adiabatischen Expansion (an deren Stelle bei Dämpfen die polytropische Expansion tritt) erzeugte Gesamtarbeit für 1^{kg} unter Beachtung der Vorzeichen und mit $A \cdot R = c_p - c_v$ und $\frac{c_p}{c_p - c_v} = \frac{k}{k-1}$:

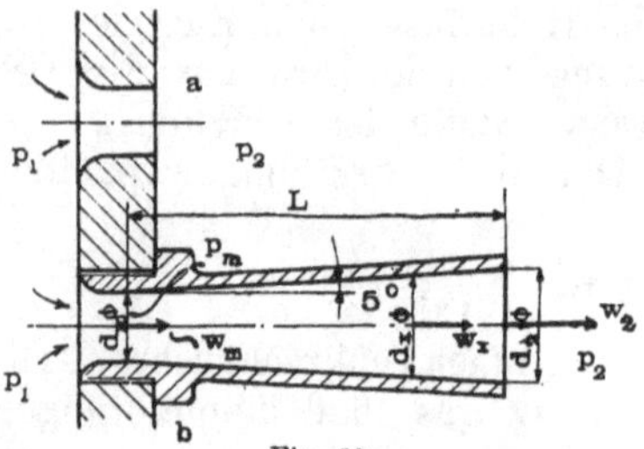

Fig. 60b

$$+L^{mkg/kg} = +\frac{k}{k-1} \cdot (p_1 \cdot v_1 - p_2 \cdot v_2)^{mkg/kg} = \frac{w_2^{2\,mkg/kg}}{2 \cdot g} \quad \text{Gl. 57}$$

Für einen beliebigen Querschnitt f_x (Durchmesser d_x) und die in ihm herrschende Geschwindigkeit w_x ergibt sich, indem wir Gl. 57 nach w_2 auflösen, unter Einführung von (Gl. 30ᵇ):

$$p_2 \cdot v_2 = p_x \cdot v_x = p_1 \cdot v_1 \cdot \left(\frac{p_x}{p_1}\right)^{\frac{k-1}{k}}$$

und nach einfacher Umformung:

$$w_x^{m/sec} = \sqrt{2 \cdot g \cdot \frac{k}{k-1} \cdot p_1 \cdot v_1 \cdot \left[1 - \left(\frac{p_x}{p_1}\right)^{\frac{k-1}{k}}\right]} \quad \ldots\ldots\ldots \text{Gl. } 58$$

Das sekundliche Ausflußgewicht ist allgemein:

$$G^{kg/sec} = f_x^{qm} \cdot w_x^{m/sec} \cdot \gamma_x^{kg/cbm} = f_x^{qm} \cdot w_x^{m/sec} \cdot \frac{1}{v_x^{cbm/kg}} \quad \ldots \text{Gl. } 59^{a,b}$$

Mit w_x aus Gl. 58, die wir unter Einführung von:

$$v_x = v_1 \cdot \left(\frac{p_1}{p_x}\right)^{\frac{1}{k}}$$

(Gl. 30[b]) umformen, ergibt sich:

$$G^{kg/sec} = f_x \cdot \sqrt{2 \cdot g \cdot \frac{k}{k-1} \cdot \frac{p_1}{v_1} \cdot \left[\left(\frac{p_x}{p_1}\right)^{\frac{2}{k}} - \left(\frac{p_x}{p_1}\right)^{\frac{k+1}{k}}\right]} \quad \ldots\ldots \text{Gl. } 60$$

Gl. 59[b] fordert mit der Überlegung, daß durch jeden Querschnitt in der Zeiteinheit die gleiche Dampfmenge fließen muß, bei $f_x = f_m = f_{min}$ ein Maximum für den Ausdruck $\frac{w_x}{v_x}$, der gleich dem Wurzelwert in Gl. 60 ist. Der Wert $p_x = p_m$ ergibt sich somit, indem wir den Klammerwert unter der Wurzel der Gl. 60, der allein sich mit p_x ändert, nach $\frac{p_x}{p_1}$ differenzieren und die Ableitung $= 0$ setzen:

$$\frac{2}{k}\left(\frac{p_x}{p_1}\right)^{\frac{2}{k}-1} - \frac{k+1}{k} \cdot \left(\frac{p_x}{p_1}\right)^{\frac{1}{k}} = 0$$

Daraus:

$$p_x = p_m = \left(\frac{2}{k+1}\right)^{\frac{k}{k-1}} \cdot p_1 \quad \ldots\ldots\ldots\ldots\ldots \text{Gl. } 61$$

p_m heißt der kritische Mündungsdruck. Führen wir diesen Wert für p_x in die Gl. 58 und 60 ein, so gehen diese über in:

$$w_m^{m/sec} = \sqrt{2 \cdot g \cdot \frac{k}{k+1} \cdot p_1 \cdot v_1} \quad \ldots\ldots\ldots\ldots \text{Gl. } 62$$

$$G^{kg/sec} = f_m \cdot \sqrt{2 \cdot g \cdot \frac{k}{k+1} \cdot \frac{p_m}{p^1}} \cdot \sqrt{\frac{p_1}{v_1}} \quad \ldots\ldots\ldots \quad Gl.\ 63$$

Für anfänglich trockenen Dampf erhalten wir mit $k = 1{,}135$ nach Zeuner:

$$p_m = 0{,}577 \cdot p_1 \quad \ldots\ldots\ldots \quad Gl.\ 64$$

$$w_m^{m/sec} = 323 \cdot \sqrt{p_1^{kg/qcm} \cdot v_1^{cbm/kg}} \quad \ldots\ldots\ldots \quad Gl.\ 65$$

$$G^{kg/sec} = 200 \cdot f_m^{qm} \cdot \sqrt{\frac{p_1^{kg/qcm}}{v_1^{cbm/kg}}} \quad \ldots\ldots\ldots \quad Gl.\ 66$$

NB. Beachte die Dimensionen in vorstehenden Gleichungen!

Ist aus der letzten Gleichung f_m für ein betimmtes Dampfgewicht $G^{kg/sec}$ bestimmt, so ergibt sich der Endquerschnitt f_2 der Düse aus der Überlegung, daß der Querschnitt dem spezifischen Volumen v direkt, der Geschwindigkeit w umgekehrt proportional sein muß, also aus der Gleichung:

$$\frac{f_2}{f_m} = \frac{v_2 \cdot w_m}{v_m \cdot w_2} \quad \ldots\ldots\ldots \quad Gl.\ 67$$

w_2 ergibt sich aus Gl. 56 bzw. Gl. 58, v_2 aus der Dampftabelle für den Gegendruck p_2. Die Länge des Expansionsstückes ergibt sich dann aus der durch Versuche als richtig erkannten Forderung, daß der Kegelwinkel der Düse etwa 10^0 nicht überschreite, um ein Ablösen des Strahles von den Düsenwänden zu verhindern.

Das wichtigste Ergebnis der vorstehenden Überlegung sei hier noch einmal hervorgehoben: Ist der Gegendruck p_2 kleiner als der für p_1 aus Gl. 61 sich ergebende Wert des kritischen Mündungsdruckes, so ist das sekundlich ausfließende Dampfgewicht (Gasgewicht) von diesem Gegendruck ganz unabhängig (Gl. 66). Ist $p_2 \geqq p_m$, so ergibt sich das Dampfgewicht unmittelbar aus Gl. 60. In diesem Falle kann eine Ausflußmündung nach Fig. 60^a verwendet werden, da die Expansion im (engsten) Querschnitt f_m bereits vollendet ist.

Aufgabe 30. Welches Dampfgewicht $G^{kg/sec}$ fließt aus einer Düse mit $f_m = 1^{qcm}$ engstem Querschnitt aus, wenn in ihr trocken gesättigter Dampf von $p_1 = 8^{atm.\,abs.}$ auf $p_2 = 0{,}1^{atm.\,abs.}$ expandiert? (Daten der Aufg. 28.) Welche Leistung wird theoretisch erreicht? Wie sind die Hauptabmessungen des Expansionsstückes zu wählen? — Aus Gl. 65 folgt:

$$w_m^{m/sec} = 323 \cdot \sqrt{8 \cdot 0{,}2458} = 452{,}93^{m/sec}$$

Damit aus Gl. 66:

$$G^{kg/sec} = 200 \cdot 0{,}0001 \cdot \sqrt{\frac{8}{0{,}2458}} = \mathbf{0{,}1141}^{kg/sec}$$

Aus Gl. 61 bzw. 64:

$$p_m^{atm.\,abs.} = \left(\frac{2}{2{,}135}\right)^{\frac{1{,}135}{0{,}135}} \cdot 8 = \sim 0{,}577 \cdot 8 = 4{,}61^{atm.\,abs.},$$

$v_m = 0{,}4130^{cbm/kg}$ (durch Interpolation gewonnen) und $w_2 = 1149$ (Aufg. 29) folgt aus Gl. 67:

$$f_2^{qcm} = 1^{qcm} \cdot \frac{14{,}92 \cdot 452{,}93}{0{,}413 \cdot 1149} = \mathbf{14{,}25}^{qcm}$$

w_2 kann natürlich auch aus Gl. 58 gewonnen werden:

$$w_2 = \sqrt{2 \cdot 9{,}81 \cdot \frac{1{,}135}{0{,}135} \cdot 80000 \cdot 0{,}2458 \cdot \left[1 - \left(\frac{0{,}1}{8}\right)^{\frac{0{,}135}{1{,}135}}\right]}$$
$$= \sim \mathbf{1149}^{m/sec}$$

Die Arbeitsfähigkeit eines ^{kg} Dampf für die gegebenen Druckverhältnisse ergab sich in Aufg. 28 zu $67\,308^{mkg/kg}$. Mit $G = 0{,}1141^{kg/sec}$ ist also eine Leistung zu erzielen:

$$N^{PS} = 0{,}1141^{kg/sec} \cdot 67\,308^{mkg/kg} \cdot \frac{1^{\frac{PS}{mkg/sec}}}{75} = \sim \mathbf{102{,}5}^{PS_i}$$

Nehmen wir für die Düse überall kreisförmigen Querschnitt an, so wird Fig. 60ᵇ: $d_m = 1{,}13^{cm}$, $d_2 = 4{,}25^{cm}$ Φ. Die Länge L^{cm} ergibt sich dann aus:

$$L^{cm} = \frac{4{,}25 - 1{,}13}{2 \cdot \text{tang}\; 5^0} = \mathbf{17{,}8}^{cm}$$

Bei dieser Berechnung sind Reibungs- und Abkühlungsverluste usw. nicht berücksichtigt!

§ 6. Kälteerzeugung durch Anwendung von Dämpfen.

Die im Kap. VI § 3 schon erwähnte Möglichkeit, durch „Heben eines Wärmegewichts von einem tiefen auf ein höheres Temperaturniveau" unter Aufwand äußerer Arbeit Kälte zu erzeugen, d. h. Wärme zu entziehen, wird heute praktisch nur noch in den Kaltdampfmaschinen und zwar in einer besonderen Gattung derselben, den Kompressionsmaschinen verwirklicht. Der Grund, warum die früher häufig verwendete Kaltluftmaschine nicht mehr gebaut wird, liegt auf physikalischem Gebiet und wird sich unten ergeben. Ein näheres Eingehen auf die Kaltluftmaschine sowohl, als auch auf die Absorptionsmaschine, eine ebenfalls fast ganz verlassenen Gattung der Kaltdampfmaschine, kann bei dieser Sachlage unterbleiben und wir werden nur die heute fast ausschließlich noch verwendete Kompressionsmaschine ihren physikalischen Grundlagen nach kurz zu betrachten haben: Fig. 61 zeigt das Wesen dieser Maschine. Der als Kälteträger verwendete Dampf (es kommen heute ausschließlich in Frage: Ammoniak, Kohlensäure und schweflige

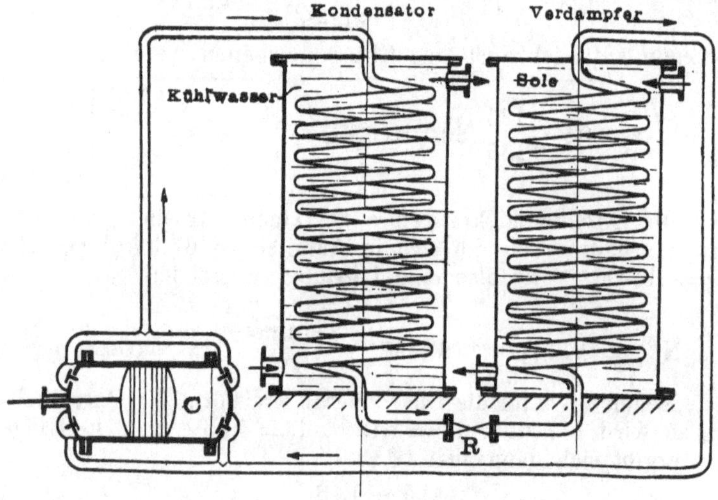

Fig. 61.

Säure) wird in dem Kompressorzylinder C unter äußerem Arbeitsaufwand bis zu solchen Drucken verdichtet, daß durch die nachfolgende Abkühlung im Kondensator bei einer Kühlwassertemperatur von $+ 10 \div 20^0$ C. Verflüssigung bei gleichbleibendem Drucke eintritt. Der Kondensator ist entweder, wie in Fig. 61 gezeichnet, als Tauchkondensator (Gegenstromprinzip!) oder als Rieselkondensator ausgebildet. Bei Letzterem wird die Rohrschlange mit Kühlwasser berieselt und natürlichem oder künstlichem Luftzuge ausgesetzt, um die dem Kühlwasser entzogene Verdunstungswärme zur Abkühlung nutzbar zu machen. Aus der Kondensatorrohrschlange fließt der flüssige

Kälteträger dem Regulierventil R zu, in dem der Druck bis auf die Ansaugespannung des Kompressors abgedrosselt wird und gelangt dann in den Verdampfer, in dessen Rohrschlange Verdampfen unter konstanter Temperatur stattfindet. Die dazu notwendige Verdampfungswärme $r^{Cal/kg}$ wird dem Salzwasser entzogen, das die Rohrschlange umgibt. Die Temperatur der Sole ist etwa — 2° C am Eintritt in den Verdampfer, — 5 bis — 10° am Austritt. Aus der Rohrschlange des Verdampfers wird der Dampf vom Kompressor wieder angesaugt und das Arbeitsspiel beginnt von neuem.

Die kalte Sole wird den eigentlichen Zwecken der Kälteerzeugung entsprechend verwendet. Bei der Eisfabrikation z. B. hängt man mit Süßwasser gefüllte Kästen aus Eisenblech in die Sole hinein. Durch Abkühlung auf 0° C und Entziehung der Erstarrungswärme (= Schwelzwärme $\sim 80^{Cal/kg}$) wird das Süßwasser zum Gefrieren gebracht und dann noch um einige Grade unter 0° abgekühlt.

Als Kälteleistung $Q^{Cal/kg}$ wird die Wärmemenge bezeichnet, die 1^{kg} des Kälteträgers im Verdampfer aufnimmt. Die Kälteleistung ergibt sich unter der Voraussetzung, daß der Kälteträger beim Eintritt in den Verdampfer noch vollkommen flüssig sei, annähernd als Verdampfungswärme $r^{Cal/kg}$ des verwendeten Dampfes, bezogen auf den herrschenden Druck, vermindert um die Differenz $q_1 - q_2$ der Flüssigkeitswärmen q_1 bei Kondensatordruck, q_2 bei Verdampferdruck, die ja für die nach außen abzugebende Kälteleistung verloren ist. Es besteht also die Gleichung:

$$Q_k{}^{Cal/kg} = r^{Cal/kg} - (q_1 - q_2)^{Cal/kg} \quad \ldots\ldots\ldots\ldots \quad Gl. 68$$

Die wichtigsten, für die Anwendung in den Kältemaschinen in Betracht kommenden Erfahrungswerte sind in der folgenden Tabelle zusammengestellt: (S. nächste Seite!)

Aufgabe 31. Mittels einer Kohlensäure-Kompressionsmaschine soll eine Kälteleistung $Q = 100\,000^{Cal/Stde}$ erzeugt werden. Die Temperatur vor dem Regulierventil sei + 20° C, die der Salzlösung — 10° C. Welches ist die theoretisch erforderliche Kompressorleistung in PS_i und wie groß ist das stündlich vom Kompressor anzusaugende Volumen? — Nennen wir $Q_1 = Q = 100\,000^{Cal/Stde}$ die bei der Temperatur $T_1 = 263°$ abs. dem Verdampfer pro Stunde entnommene Wärmemenge,

Temp.	p atm. abs.			r Cal/kg			q Cal/kg			v cbm/kg		
0 C	NH_3	CO_2	SO_2	NH_3	CO_2	SO_2	NH_3	CO_2	SO_2	NH_3	CO_2	SO_2
— 30	1,192	15,0	0,39	327,9	70,07	97,77	— 32,72	— 14,3	— 9,05	0,986	0,02697	0,822
— 25	1,512	17,5	0,51	324,4	68,15	96,91	— 27,4	— 12,15	— 7,62	0,789	0,02292	0,643
— 20	1,900	20,3	0,65	320,8	66,04	95,92	— 22,03	— 9,93	— 6,15	0,6373	0,01954	0,513
— 15	2,367	23,5	0,83	317,0	63,73	94,82	— 16,61	— 7,63	— 4,66	0,5180	0,01668	0,416
— 10	2,923	27,1	1,04	313,0	61,18	93,60	— 11,13	— 5,21	— 3,14	0,4247	0,01426	0,330
— 5	3,579	31,0	1,29	308,8	58,36	92,27	— 5,59	— 2,68	— 1,58	0,3505	0,01218	0,270
0	4,347	35,4	1,58	304,4	55,19	90,82	0	0	0	0,2914	0,01041	0,223
+ 5	5,242	40,3	1,93	299,9	51,62	89,25	+ 5,65	+ 2,87	+ 1,61	0,2439	0,00887	0,184
+ 10	6,271	45,7	2,34	295,0	47,52	87,56	11,35	5,98	3,25	0,2051	0,00752	0,152
+ 15	7,451	51,6	2,81	290,0	42,69	85,76	17,13	9,45	4,92	0,1735	0,00630	0,127
+ 20	8,792	58,1	3,35	284,7	36,75	83,85	22,95	13,45	6,62	0,1479	0,00524	0,107
+ 25	10,308	65,4	3,96	279,1	28,84	81,82	28,84	18,44	8,35	0,1265	0,00419	0,090
+ 30	12,009	73,1	4,67	273,5	14,93	79,67	34,79	26,39	10,11	0,1087	0,00296	0,076
+ 35	13,906	74,7	5,46	267,4	8,36	77,40	40,80	29,87	11,90	0,0939	0,00257	0,065
+ 40	16,011	75,3	6,35	261,0	0[1])	75,03	46,87	34,14	13,71	0,0814	0,00216	0,055

Die Werte der vorstehenden Tabelle sind dem Taschenbuch der Hütte entnommen.

$Q_2^{\,Cal/Stde}$ die bei $T_2 = 293^0$ im Kondensator stündlich abzuführende Wärmemenge, so ist:

Wärmegewicht · Temperaturerhebung = Wärmearbeit, also:

$$\frac{Q_1}{T_1}\cdot(T_2 - T_1) = \frac{100\,000}{263}\cdot(293 - 263) = 11\,406{,}3 = Q_2 - Q_1^{\;Cal/Stde}$$

$Q_2 - Q_1$ ist der Wärmewert der stündlichen Kompressorarbeit.

Die hier gemachte Annahme setzt nun voraus, daß das Wärmegewicht konstant, d. h. $\frac{Q_1}{T_1} = \frac{Q_2}{T_2}$ sei, daß also der Kreisprozeß in allen Teilen umkehrbar sei. Das ist nun zwar offenbar nicht der Fall; denn Wärmeleitung und Strahlung, Ventilwiderstände usw. bringen nicht umkehrbare Zustandsänderungen hervor, die das Wärmegewicht verändern. Diese Umstände sollen aber hier, da es sich um Veranschaulichung der Vorgänge handelt, nicht beachtet werden, und es soll nur die Vergrößerung berücksichtigt werden, die die Kompressorarbeit durch das Verhältnis der ganzen Verdampfungswärme zu dem nutzbar gemachten Teil derselben erfährt. Der letztere ergibt sich gemäß Gl. 68 mit den Werten der Tabelle:

---

[1]) Die kritische Temperatur ist überschritten!

Verdampfungswärme für -10^0 .... $r^{Cal/kg} = 61,18$
Diff. d. Flüssigkeitsw. f. $+20$ u. -10^0: .. $13,45-(-5,21) = 18,66$
$Q_k{}^{Cal/kg} = 42,52$

Damit wird die Kompressorarbeit:

$$11406,3 \cdot \frac{61,18}{42,52} = \sim 16425^{Cal/Stde}.$$

Nach Kap. VI § 1 entsprechen 632^{Cal} einer PS-Stunde. Also ergibt sich die Leistung:

$$N^{PS} = \frac{16425^{Cal/Stde}}{632^{Cal/PS.\,Stde}} = \sim \mathbf{26}^{PS}.$$

Das stündlich umlaufende Dampfgewicht ergibt sich aus:

$$G^{kg/Stde} = \frac{100000^{Cal/Stde}}{42,52^{Cal/kg}} = 2351^{kg/Stde},$$

damit das stündliche Hubvolumen:

$$V^{cbm/Stde} = G^{kg/Stde} \cdot v^{cbm/kg} = 2351 \cdot 0,01426 = \mathbf{33,53}^{cbm/Stde}.$$

Führt man die Rechnung der Aufg. 31 für NH_3 und SO_2 durch so ergeben sich folgende Verhältnisse:

NH_3: $G = 333^{kg/Stde}$, $V = 137,5^{cbm/Stde}$;
SO_2: $G = 1120^{kg/Stde}$, $V = 370^{cbm/Stde}$.

Kohlensäure bedarf also von den drei Dampfarten des kleinsten Hubvolumens, arbeitet jedoch mit den größten Drucken. Ammoniak kommt wegen seiner großen Verdampfungswärme mit dem geringsten Gewicht für die gleiche stündliche Kälteleistung aus.

Das legt den Gedanken nahe, Wasserdampf wegen seiner außerordentlich großen Verdampfungswärme als Kälteträger zu benutzen. In der Tat wurde in der Eismaschine von Carré Wasser dadurch zum Gefrieren gebracht, daß man es mittels der Luftpumpe zu lebhaftem Verdunsten brachte und den sich bildenden Wasserdunst durch Schwefelsäure absorbieren ließ. Zur Kälteerzeugung mittels des Kompressionsverfahrens ist Wasserdampf wegen seines hohen Gefrierpunktes und vor allem wegen seines großen spezifischen Volumens nicht zu gebrauchen. Die Maschinen würden enorme Abmessungen erhalten müssen.

Rücksichten auf die Maschinenabmessungen machen auch die Luft als Kälteträger unbrauchbar. Da hier keine Änderung des Aggregatzustandes eintritt, fällt der wesentliche Einfluß der

Verdampfungswärme fort; damit würden für größere Kälteleistungen allzu große Luftgewichte erforderlich.

Die bei der meist durch Luftzug beförderten Verdunstung des Wassers auftretende Wärmeentziehung wird zu manchen technischen Zwecken nutzbar gemacht. Erwähnt wurde in diesem Paragraphen die Wirkung beim Rieselkondensator. Ferner seien die Rückkühlanlagen der Dampfmaschinenkondensatoren genannt in denen die Verdunstungswärme den durch die Luft herabfallenden Wassertropfen selbst entzogen wird, ferner die spanischen Alcarazzas, unglasierte Tongefäße, durch deren Poren ein Teil der eingefüllten Flüssigkeit aussickert und durch Verdunstung den übrigen Inhalt abkühlt. Das Kryophor (Fig. 62) enthält Wasser im luftleeren Raum. Taucht man den Kolben K in eine Kältemischung, so tritt in ihm infolge der Abkühlung starke Kondensationswirkung unter Druckverminderung ein. In der oberen Kugel verdunstet infolgedessen das Wasser lebhaft und durch die dadurch verursachte Abkühlung tritt Eisbildung ein. Die stark abkühlende Wirkung rasch verdunstenden Äthers ist bekannt (s. auch Kap. IV § 3).

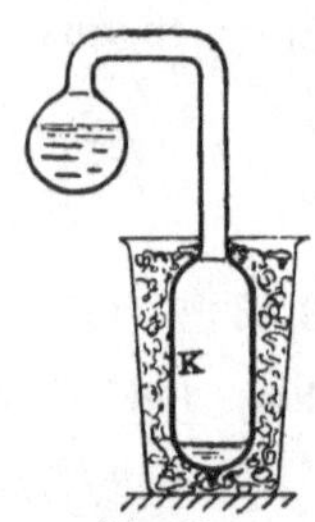

Fig. 62.

§ 7. Daltonsches Gesetz. Luftfeuchtigkeit. Bisher wurde stets vorausgesetzt, daß in den betrachtelen Räumen sich nur Dampf von einer Art und dessen Flüssigkeit befinde. Für das Verhalten der Dämpfe in gaserfüllten Räumen gilt das Daltonsche Gesetz (Mech. Kap. VIII § 5 und W. Kap. III § 3.) Bringen wir in den geschlossenen Luftraum in einem Schenkel zweier kommunizierender Röhren mit Quecksilberfüllung (etwa wie in Mech. Fig. 38) einige Tropfen Äther hinein, so steigt im offenen Schenkel der Quecksilberspiegel schnell empor und der Niveauunterschied ist nach kurzer Zeit gleich dem Sättigungsdruck des Ätherdampfes für die herrschende Temperatur. Der Ätherdampf hat also im lufterfüllten Raum dieselbe Spannung, wie im leeren Raum. Dieselbe Erscheinung läßt sich auch — je nach der Verdunstungsgeschwindigkeit mit größerer oder geringerer Zeitdauer — bei anderen Dämpfen zeigen.

Die atmosphärische Luft enthält stets einen gewissen Prozentsatz Wasserdampf als Luftfeuchtigkeit. Das Daltonsche

Gesetz gestattet eine nähere Beurteilung dieser Erscheinung. Der Druck der feuchten Luft setzt sich zusammen aus dem Druck der reinen, d. h. trockenen Luft und dem Druck des Dampfes, der meist ungesättigt oder überhitzt ist. Der Druck des Dampfes, der sogenannte **Dunstdruck** p_D, kann mit Hilfe des **Daniellschen Hygrometers** (Fig. 63) bestimmt werden. Das Instrument ist eine Art Kryophor (§ 6) mit Ätherfüllung. Bringt man durch Aufgießen von Äther auf die mit Musselin umwickelte rechte Kugel den Äther in der linken Kugel zum Verdunsten, so wird während der Abkühlung eine Temperatur eintreten, die gleich der Sättigungstemperatur des Wasserdunstes in der umgebenden Luft ist.

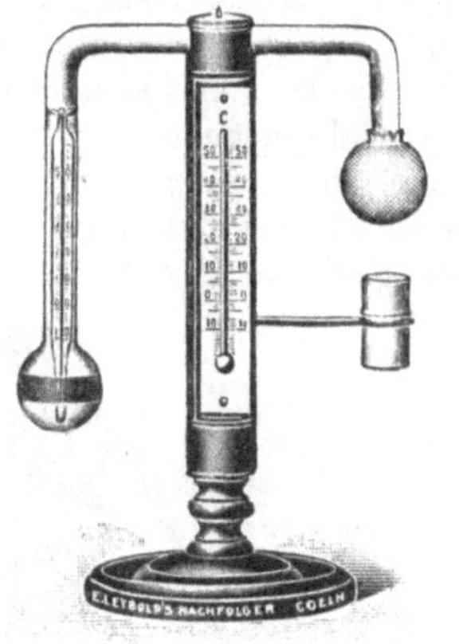

Fig. 63.

Dieser Punkt ist erkennbar, indem sich ein Goldstreifen auf der linken Kugel mit Wassertröpfchen beschlägt und blind wird. Die gleichzeitig mittels des Thermometers im Innern der Kugel abgelesene Temperatur bezeichnet man als den **Taupunkt**. Die zu dieser Temperatur gehörige Sättigungsspannung, die aus der Tabelle abgelesen werden kann, ist der Dunstdruck.

Fig. 64

Häufiger als das Hygrometer von Daniell wird heute das **Psychrometer** von August angewandt. Es besteht aus zwei genau gleichen Thermometern, deren eines durch eine Art Docht immer feucht gehalten wird. Die Verdunstung der Feuchtigkeit und die damit verbundene Abkühlung wird um so stärker sein, je trockener die umgebende Luft ist. Dem Instrumente werden Tafeln oder Kurven beigegeben, aus denen die relative Feuchtigkeit auf Grund der Thermometerangaben abgelesen werden kann. Am zuverlässigsten arbeiten die Psychrometer, wenn man sie einem konstanten Luftstrom aussetzt. Bei der Ausführung Fig. 64 wird das durch Herumschleudern um den Handgriff erreicht.

Fig. 65 zeigt den Aspirations-Psychrometrographen, bei dem der konstante Luftstrom mittels eines Ventilators erzeugt wird. Die Ablesungen werden wie beim Sixschen Thermometer (Fig. 16) durch verschiebbare Stiftchen in der Kapillare markiert. Das Haarhygrometer (Fig. 66) beruht auf der hygroskopischen Wirkung eines entfetteten Menschenhaares, das sich mit zunehmender Feuchtigkeit verlängert und die Bewegung auf ein Zeigerwerk überträgt. Fig. 67 zeigt das registrierende Haarhygrometer von Lambrecht.

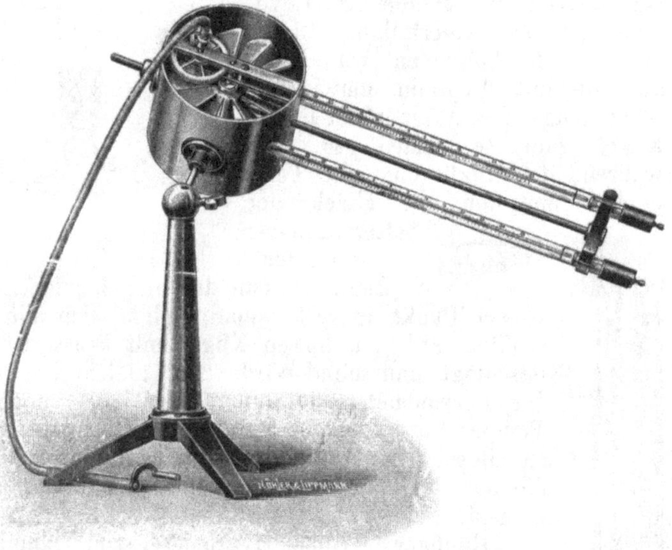

Fig. 65.

Als relative Feuchtigkeit wird das Verhältnis: Dunstdruck : Sättigungsspannung bezeichnet, das meist in Prozenten ausgedrückt wird:

$$F\,\% = \frac{100 \cdot p_D}{p^s} \quad \ldots\ldots\ldots\ldots\ldots\ldots \quad Gl.\ 69$$

Das spezifische Gewicht feuchter Luft $\gamma^{kg/cbm}$ ergibt sich als Summe $(\gamma_L + \gamma_D)^{kg/cbm}$ der spezifischen Gewichte der trockenen Luft und des Dampfes. γ_L ergibt sich mit Beachtung der Gl. 11^a, wenn wir setzen:

$V_t = 1^{cbm}$, $p_t = (b - p_D)^{mm}$ = Luftdruck — Dunstdruck:

$$\gamma_L = 1{,}293^{kg/cbm} \cdot \frac{(b - p_D)^{mm}}{760^{mm}} \cdot \frac{273}{273 + t} \quad \ldots\ldots\ldots \text{Gl. 70}$$

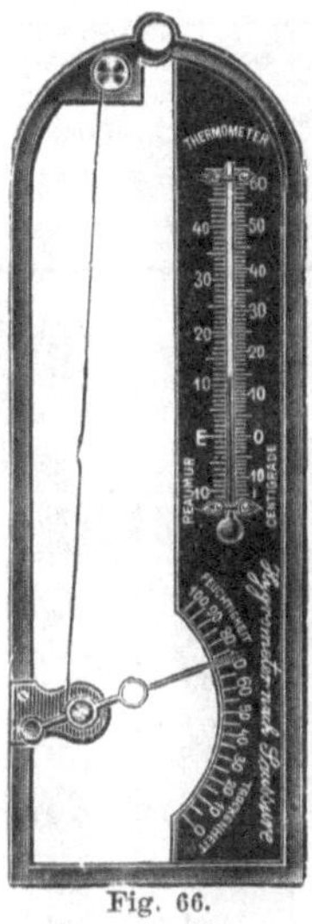

Fig. 66.

γ_D erhalten wir, indem wir die relative Feuchtigkeit (in Bruchteilen ausgedrückt): $\frac{p_D}{p_s}$ mit dem spezifischen Gewicht γ_s des gesättigten Dampfes für Lufttemperatur multiplizieren.

$$\gamma_D{}^{kg/cbm} = \frac{p_D}{p_s} \cdot \gamma_s \quad \ldots\ldots\ldots\ldots \text{Gl. 71}$$

Aufgabe 32. Der Dunstdruck wurde mittels des Psychrometers zu $13{,}5^{mm}$ ermittelt. Die Lufttemperatur ist $t = 21{,}09^{\,0}$, der Barometerstand $b = 745^{mm}$ (auf $0^{\,0}$ reduziert). Wie groß ist die relative Feuchtigkeit und das spezifische Gewicht der Luft? — Der Sättigungsdruck für $21{,}09^{\,0}$ ergibt sich aus der Tabelle (durch Interpolation) zu $p_s = 18{,}75^{mm}$, damit nach Gl. 69 die Luftfeuchtigkeit:

$$F = \frac{100 \cdot 13{,}5}{18{,}75} = \mathbf{72{,}1\,\%}$$

Nach Gl. 70 ist:

$$\gamma_L = 1{,}293 \cdot \frac{745 - 13{,}5}{760} \cdot \frac{273}{294{,}09} = 1{,}155^{\,kg/cbm}$$

Nach Gl. 71 ist mit $\gamma_s = 18{,}62^{\,g/cbm}$ (durch Interpolation):

$$\gamma_D = 0{,}721 \cdot 18{,}62^{\,g/cbm} = 13{,}42^{\,g/cbm} = 0{,}01342^{\,kg/cbm}$$

somit:

$$\gamma_L + \gamma_D = 1{,}155 + 0{,}01342 = \mathbf{1{,}16842}^{\,kg/cbm}$$

Fig. 67.

Die mittlere Luftfeuchtigkeit beträgt in Norddeutschland im Sommer 74 %, im Winter 87 %. Sie nimmt landeinwärts und mit zunehmender Höhe ab.

Tafel für gesättigten Wasser-

1	2	3	4	5	6	7	8
Absol. Druck: $p^{kg/qcm}$	Temperatur: t^0 C	Volumen eines kg Dampf: $v^{cbm/kg}$	Gewicht eines cbm Dampf: $\gamma^{kg/cbm} = \frac{1}{v}$	Flüssigkeitswärme: $q^{Cal/kg}$	Gesamtwärme des Dampfes: $\lambda^{Cal/kg}$	Gesamte Verdampfungswärme: $r^{Cal/kg}$	Innere Verdampfungswärme: $\varrho^{Cal/kg}$
0,02	17,3	68,126	0,01468	17,3	602,9	585,5	553,6
0,04	28,8	35,387	0,02826	28,8	608,3	579,4	546,3
0,06	36,0	24,140	0,04142	36,0	611,6	575,6	541,7
0,08	41,3	18,408	0,05432	41,4	614.1	572,7	538,2
0,10	45,6	14,920	0,06703	45,7	616,0	570,4	535,4
0,12	49,2	12,568	0,07956	49,3	617,7	568,4	533,1
0,15	53,7	10,190	0,09814	53,8	619,7	565,9	530,1
0,20	59,8	7,777	0,12858	59,9	622,4	562,6	526,1
0,25	64,6	6,307	0,1586	64,8	624,6	559,8	522,9
0,30	68,7	5,316	0,1881	68,9	626,4	557,5	520,2
0,35	72,3	4,600	0,2174	72,5	628,0	555,5	517,8
0,40	75,5	4,060	0,2463	75,7	629,4	553,7	515,6
0,50	80,9	3,2940	0,3036	81,2	631,7	550,5	512,0
0,60	85,5	2,7770	0,3601	85,8	633,7	547,8	508,8
0,70	89,5	2,4040	0,4160	89,9	635,3	545,5	506,1
0,80	93,0	2,1216	0,4713	93,5	636,8	543,3	503,6
0,90	96,2	1,9003	0,5262	96,7	638,1	541,4	501,4
1,0	99,1	1,7220	0,5807	99,6	639,3	539,7	499,4
1,1	101,8	1,5751	0,6349	102,3	640,7	538,1	497,5
1,2	104,2	1,4521	0,6887	104,8	641,3	536,5	495,7
1,4	108,7	1,2571	0,7955	109,4	643,1	533,7	492,6
1,6	112,7	1,1096	0,9013	113,4	644,7	531,2	489,7
1,8	116,3	0,9939	1,0062	117,1	646,0	528,9	487,1
2,0	119,6	0,9006	1,1104	120,4	647,2	526,8	484,7
2,5	126,7	0,7310	1,3680	127,7	649,9	522,2	479,4
3,0	132,8	0,6163	1,6224	133,9	652,0	518,1	474,9
3,5	138,1	0,5335	1,8743	139,4	653,8	514,5	470,8
4,0	142,8	0,4708	2,1239	144,2	655,4	511,2	467,2
4,5	147,1	0,4217	2,3716	148,6	656,8	508,2	463,9
5,0	151,0	0,3820	2,6177	152,6	658,1	505,5	460,8
5,5	154,6	0,3494	2,8624	156,3	659,2	502,9	458,0
6,0	157,9	0,3220	3,1058	159,8	660,2	500,4	455,3
6,5	161,1	0,2987	3,3481	163,0	661,1	498,1	452,8
7,0	164,0	0,2786	3,5891	166,1	662,0	495,9	450,4
7,5	166,8	0,2611	3,8294	168,9	662,8	493,9	448,2
8,0	169,5	0,2458	4,0683	171,7	663,5	491,8	446,0
8,5	172,0	0,2322	4,3072	174,3	664,2	489,9	443,9
9,0	174,4	0,2200	4,5448	176,8	664,9	488,1	441,9
9,5	176,7	0,2091	4,7819	179,2	665,5	486,3	440,0
10,0	178,9	0,1993	5,018	181,5	666,1	484,6	438,2
11,0	183,1	0,1822	5,489	185,8	667,1	481,3	434,6
12,0	186,9	0,1678	5,960	189,9	668,1	478,2	431,3
13,0	190,6	0,15565	6,425	193,7	668,9	475,3	428,2
14,0	194,0	0,14515	6,889	197,3	669,7	472,5	425,2
15,0	197,2	0,13601	7,352	200,7	670,5	469,8	422,4
16,0	200,3	0,12797	7,814	203,9	671,2	467,3	419,6
18,0	206,1	0,11450	8,734	210,0	672,4	462,4	414,6
20,0	211,3	0,10365	9.648	215,5	673,4	457,9	409.8

dampf (Werte nach Mollier).

9	10	11	12	13	14	15	16
Äußere Verdampfungswärme: ψ Cal/kg	Dampfwärme (Energie): U Cal/kg	Entropie der Flüssigkeit: S_1 Cal/kg . o	Entropie der Verdampfung: $S_2 = \frac{r}{T}$ Cal/kg . o	Gesamte Entropie: $S = S_1 + S_2$	Spez. Wärme an der Grenzkurve: c_p Cal/kg.o	Absolute Temperatur: T °	Absol. Druck: p kg/qcm
31,91	571,0	0,0616	2,0167	2,0783	0,478	290,3	0,02
33,15	575,1	0,1004	1,9198	2,0202	0,479	301,8	0,04
33,92	577,7	0.1240	1,8628	1,9868	0,480	309,0	0,06
34,49	579,6	0,1411	1,8220	1,9631	0,481	314,3	0,08
34,94	581,1	0,1546	1,7903	1,9449	0,481	318,6	0,10
35,32	582,3	0,1659	1,7641	1,9300	0,482	322,2	0,12
35,79	583,9	0,1799	1,7322	1,9121	0,483	326,7	0,15
36,42	586,0	0,1984	1,6906	1,8890	0,484	332,8	0,20
36,92	587,7	0,2129	1,6582	1,8711	0,486	337,6	0,25
37.34	589,1	0,2252	1,6314	1,8566	0,487	341,7	0,30
37,70	590,3	0,2356	1,6088	1,8444	0,488	345,3	0,35
38.02	591,3	0,2448	1,5888	1,8336	0,490	348,5	0,40
38.56	593,1	0,2604	1,5555	1,8159	0,492	353,9	0,50
31,01	594,6	0,2734	1,5281	1,8015	0,494	358,5	0,60
39,39	595,9	0,2846	1,5049	1,7895	0,496	362,5	0,70
39,73	597,0	0,2944	1,4845	1.7789	0,498	366,0	0,80
40,03	598,1	0,3032	1,4666	1,7698	0,499	369,2	0,90
40,30	599,0	0'3111	1,4504	1,7615	0,501	372,1	1,0
40,55	599,8	0,3183	1,4358	1,7541	0,503	374,8	1,1
40,78	600,5	0.3250	1,4223	1,7473	0,504	377,2	1,2
41.18	601,9	0,3370	1,3982	1,7352	0,507	381,7	1,4
41,54	603,0	0,3475	1,3773	1,7248	0,510	385,7	1,6
41,85	504.1	0.3569	1,3587	1,7156	0,513	389,3	1,8
42,14	605,1	0,3655	1,3420	1,7077	0,516	392,6	2,0
42,74	607,1	0,3839	1,3064	1,6903	0,521	399,7	2,5
43,23	608,7	0,3993	1,2767	1,6760	0,526	405,8	3,0
43,65	610,1	0,4125	1,2515	1,6640	0,531	411,1	3,5
44,01	611,3	0,4242	1,2295	1,6537	0,536	415,8	4,0
44,33	612,4	0.4347	1,2098	1,6445	0,541	420,1	4,5
44,61	613,3	0,4442	1,1921	1,6363	0,546	424,0	5,0
44,87	614,2	0,4529	1,1761	1,6290	0,550	427,6	5,5
45,10	615,0	0,4609	1,1612	1,6221	0,554	430,9	6,0
45,32	615,7	0,4683	1,1475	1,6158	0,558	434,1	6,5
45,51	616,3	0,4753	1,1348	1,6101	0.561	437,0	7,0
45,67	616,9	0,4819	1,1229	1,6048	0,565	439,8	7,5
45,86	617,5	0,4881	1,1116	1,5997	0,568	442,5	8,0
46,02	618,0	0,4939	1,1010	1,5949	0,572	445,0	8,5
46,17	618,5	0,4995	1,0910	1,5905	0,575	447,4	9,0
46,30	619,0	0,5048	1,0815	1,5863	0,578	449,7	9,5
46,43	619,4	0,5099	1.0723	1,5822	0,581	451,9	10,0
46,67	620,2	0,5194	1,0554	1,5748	0,588	456,1	11,0
46,88	620,9	0,5282	1,0396	1,5678	0,593	459,9	12,0
47,08	621,6	0,5364	0,0252	1,5616	0,598	463,6	13,0
47,26	622,2	0,5440	1,0117	1,5557	0,603	467,0	14,0
47,43	622,7	0,5513	0,9991	1,5504	0,608	470,2	15,0
47,58	623,2	0,5581	0,9871	1,5452	0,614	473,3	16,0
47.85	624,1	0,5707	0,9652	1,5359	0,623	479,1	18,0
48,08	624.9	0,5821	0,9453	1,5274	0,632	484,3	20,0

Alphabetisches Sachregister.

(Die beigefügten Ziffern verweisen auf die Seitenzahlen.)

FSC
www.fsc.org
MIX
Papier | Fördert
gute Waldnutzung
FSC® C083411

Zeitfracht Medien GmbH
Ferdinand-Jühlke-Straße 7
99095 Erfurt, Deutschland
produktsicherheit@kolibri360.de